JN411400

그림으로 이해하는

어류의 신선도

-맛과 안전성에 대하여-

渡邊悅生
加藤　登
大熊廣一
濱田奈保子
공저

일러스트 : 渡邊未知

황재호 역

월드사이언스
worldscience.co.kr

그림으로 이해하는
어류의 신선도 –맛과 안전성에 대하여–

2010년 11월 15일 인쇄
2010년 11월 30일 발행

역　자 | 황재호
펴 낸 이 | 박선진
펴 낸 곳 | 도서출판 월드 사이언스
편　집 | 김영욱

등록번호 | 제16-1601호
등록일자 | 1988년 2월 12일

주　소 | 서울특별시 서초구 방배4동 864-31 월드빌딩 1층
전　화 | (02) 581-5811~3
FAX | (02) 521-6418
E-mail | worldscience@hanmail.net
URL | http://www.worldscience.co.kr

정가 8,000원
ISBN 978-89-5881-163-3

이 도서의 국립중앙도서관 출판시도서목록(CIP)은 e-CIP 홈페이지
(http://www.nl.go.kr/cip.php)에서 이용하실 수 있습니다.(CIP제어번호: CIP2010004185)

집필자 머리말

어류의 신선도는 아래에 나타낸 온도나 농도에 대한 것처럼 과학적 정의*가 불명확하다.

생선을 날것으로 (이른바 회) 먹을 수 없게 된다는 것은 도대체 무슨 일일까. 쉽게 부패했기 때문에라고 대답하는 것은 잘못이다. 왜냐하면 회로 먹을 수 없지만, 찌거나 구우면 충분히 먹을 수 있다고 하는 것은 아직 부패하지 않았다는 것이다. 부패라 하는 것은 부패균이 근육 1g당 5만개~100만개 정도로 증식한 상태이며, 어육이 분해되어 다양한 분해생성물, 예로 히스타민, 암모니아 및 유기산등이 발생해 악취를 발생하게 된다는 것이다. 따라서, 생선은 물론 야채도 갓 수확한 것이 가장 신선도가 좋고, 생선의 경우는 신선도가 좋다라고 구별하고 있다.

그렇다면 활어수조에서 꺼내진 활어는 신선도가 좋다고 말할 수 있을까. 양식어의 항생제 처리문제가 오래 되었지만, 어체내에 잔류하는 항생물질이나 양식어의 배설물로 오염된 환경에서 사육된 생선이 식품의 재료로서 안전한가? 현재, 사료양, 투약양 등 세부적인 기록에 의해서, 건강한 생선의 출하에 노력을 기울이고 있다. 따라서 생선의 신선도는 식품재료로서의 안전성 정도라고도 생각되지 않을까.

한편, 가장 맛있는 어묵은 해상에서 잡힌 신선한 명태로 조제된 A급 어육으로 제조되어, 원료어의 신선도가 제품의 좋음과 나쁨을 결정한다. 반대로 수십년전에 인기 수출품이었던 게통조림에 블루미트 사건이 발생했지만 당시는 원료의 신선도가 지나치게 좋았던 것이 원인으로 의심되었던 적도 있었다. 또한 제철 생선이 맛있는 것은 신선도에 더불어 지방이 중요한 역할을 하고 있다. 일반적으로 어육의 물+지방의 양은 거의 일정하고 제철이 되면 지방의 양이 증가하는 것이 밝혀졌다.

여담이지만, 맥주의 신선도는 상기의 예와는 달리 갓 제조된 것을 강조하고 있는 것 같다.

이렇게 보면 신선도란 생선을 날로 먹을 수 있는 신선함, 맛, 음식으로서의 안전성 혹은 갓 조제됨 등 다양한 해석이 이루어지고 있는 것 같다. 그러나 슬프게도 최근의 환경오염, 아직도 해결되지 않은 미나마타병 또는 다이옥신 문제, 중금속 오염 등 신선도가 좋기 때문에 안전하다고는 말할 수 없게 되어 버린 것을 밝히고 있다.

본서에서는 다양한 각도에서 어류의 신선도를 철저하게 규명하고자 한다.

*** 과화학 정의**

예를 들어, 대기압에서 얼음의 온도를 0℃, 끓는 물의 온도를 100℃로 정해 그 사이를 백등분한 것이 보통 우리가 사용하는 온도계이고 눈금이 나타내는 숫자는 분자의 운동에너지의 평균치에 비례한다.

온도는 ○○○○○

온도가 높다는 것은 물분자의 운동이 보다 격렬해진다는 것을 나타낸다.

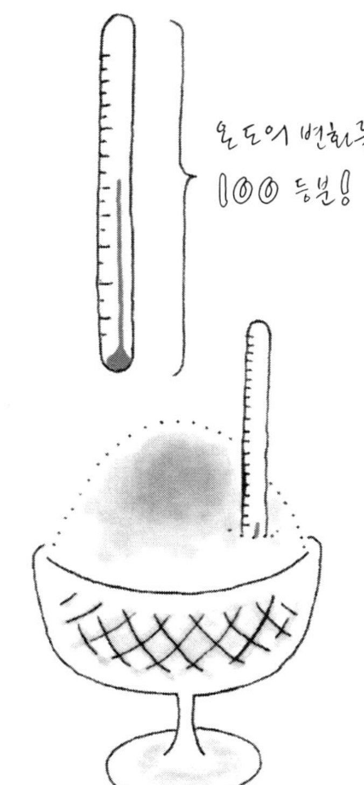

신선도가 높으면, 안심, 맛있는, 갓 잡힌 것을 상상하지만, 신선도는 온도계와 같이 통일된 과학적 근거가 부족하다.

역자 머리말

생활수준의 향상과 고령화 사회로의 진입으로 웰빙과 건강증진에 대한 관심이 높아지고 있으며, 수산식품의 유효성분에 의한 건강증진 및 질병예방 효과가 증명되면서 수산식품의 기능성, 즉 수산식품의 생체조절기능이 주목 받고 있다. 또한, 다양한 홍보매체를 통해 건강을 위해서는 무엇보다 식습관이 중요하며 특히 해산물이 으뜸 식품이라는 생각도 일반인을 대상으로 많이 알려져 있다.

우리나라는 지난 2009년 국민 1인당 수산물 연간소비량이 54.9kg으로 2000년의 36.8kg에 비해 67%가 증가하였고 이러한 수산물 소비경향은 더 늘어날 전망이다. 하지만 연안자원의 남획과 오염으로 인한 수산자원량의 감소와 배타적 경제수역(EEZ)으로 인해 어업활동이 제한적이고, 외국과의 자유무역협정(FTA) 체결로 고등어, 명태, 민어, 넙치 등의 인기 어종이 향후 12~15년에 걸쳐 관세가 철폐됨에 따라 국내 수산업계의 가격경쟁력 하락이 우려되고 있지만 관련 업계는 체계적인 유통망을 갖춘 수산물의 신선도 유지를 통해 대비해야 한다고 주장한다. 이렇듯, 생식 비중이 높은 우리나라에서 수산물의 신선도는 곧 건강과 관련하여 매우 중요하며 경제적 가치와도 직접적으로 관련되는 중요한 요소이다.

최근 일본의 이 분야 학문을 선도하는 대표적인 학자들에 의해 수산생물의 신선도에 대한 난해한 지식들을 이해하기 쉽도록 일러스트와 더불어 요약한 책이 출판되었다. 본문의 곳곳에 원문을 잘못 해석해 원저자에게 누를 범하지 않았나 하는 마음에 미안함과 두려움이 많았으나 평소 이 분야 학문에 관심을 갖고 있었던 역자로서는 즐거운 마음으로 번역작업을 할 수 있었다. 본 서적이 일반인뿐만 아니라 전공자와 관련 분야 종사자들에게 조금이나마 도움이 되길 기대한다.

끝으로 역서 출판을 위해 기회를 주신 대표저자 "渡邊悅生" 교수님과 (株)成山堂書店 代表 "小川典子"씨의 호의로 한국어판을 발행할 수 있게 된 점에 대해 감사의 뜻을 전한다. 아울러 본 역서 출판을 흔쾌히 허락해주신 (주)월드사이언스의 박선진 사장님, 번역업무를 도와준 "高木雅子"씨와 그 외 여러 분께 감사의 뜻을 전한다.

2010년 11월

역자 황재호

차례

제4장 선도를 유지하는 방법

제5장 선도를 측정한다 (선도의 수치화)

제6장 안전성에 관한 선도 이외의 요인

신선하고 안전한 생선을 맛있게 먹고 싶은
모든 사람에게……

제 1 장 어류의 선도 분별법

1) 피부와 색

생선의 피부는 신선한 광택을 나타내고 색조도 산뜻한 것을 선택한다.

어류의 피부구조는 많은 척추동물과 유사하게 표피와 진피의 2층이 몸의 표면을 둘러싸서 보호하고 있다. 한편 어류의 피부에는 점액선, 감각수용체, 독선, 비늘, 발광기 등 어류 특유의 피부 부속기관이 있다.

표피에는 점액선이 있어 어류는 점액분비를 통해 체표를 매끄럽게 하여 물과의 마찰 감소, 기생충의 부착 방지, 체내 삼투압 조절 등을 한다고 알려져있다. 또한 미뢰와 같은 감각기관이나 어류에 따라서는 독선도 존재한다.

진피는 표피 밑에 존재하고 표피와 접하는 상부에는 혈관과 신경이 분포해 심층부에는 비늘이 되는 골질층이 존재한다. 표피와 진피의 경계에는 색소세포와 광채세포가 있고 이것들에 의해서 어체의 색이 표현된다.

색소 세포는 그 색에 따라, 흑색소포, 황색소포, 적색소포로 구별된다. 흑색소포는 멜라닌을 함유해 흑 · 갈색을 띠고, 틴들현상에 의해서 청색으로도 된다. 황색소포 · 적색소포는 카로티노이드계의 색소를 함유해 적색, 황색, 주황색의 기반이 된다. 광채세포는 구아닌의 소결정을 포함한 세포로 은백색을 띤다. 이러한 색소포의 신축 · 배열양식의 변화 등에 의해서 적색, 녹색, 청색, 흑색, 갈색 등 여러가지 색이 형성된다. 색소포는 신경의 말초를 받아 수축 · 신장할 수 있어 이것에 따라 체색의 변화가 일어난다.

이와 같이, 어체색 및 그 변화는 색소세포의 형태적 특징 및 이들 세포에 포함되는 여러가지 색소의 물리 · 화학적인 변화가 크게 관여하고 있는 것을 알 수 있다. 따라서 물고기가 죽으면 먼저 혈액이 구석구석까지 골고루 미치지 않게 되어 색소포의 기능은 멈추고, 또한 체색의 변화도 멈춘다. 사후, 색소의 퇴색은 시간의 경과와 함께 증대하므로 선명한 색조의 물고기일수록 신선하다고 말할 수 있는 것이다.

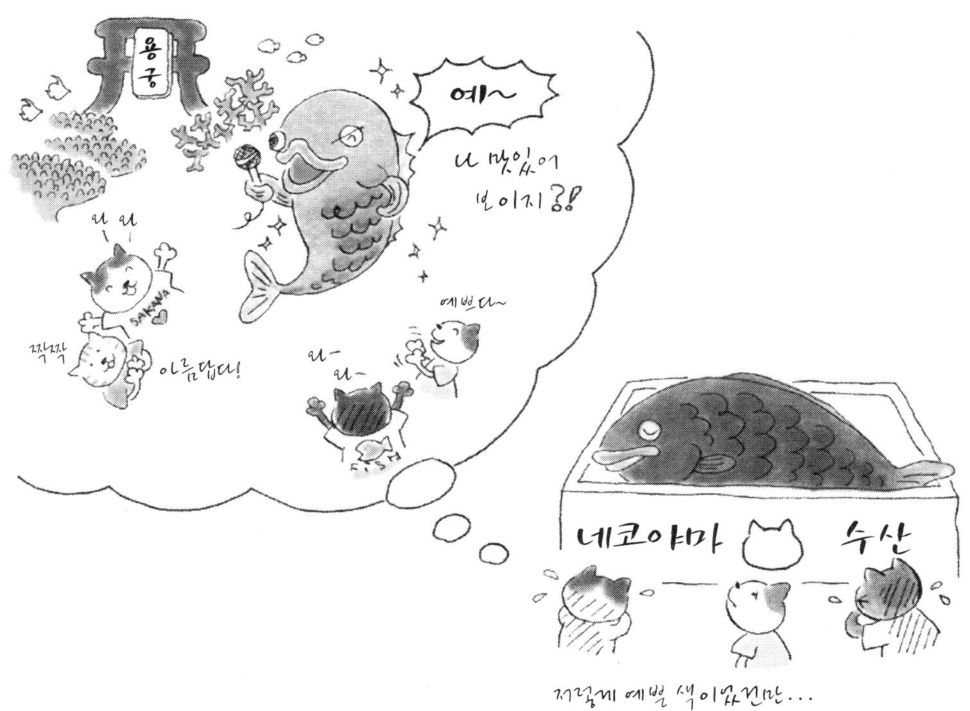
용궁
예~
나 맛있어 보이지?!
와 와
SAKANA
짝짝
아름답다!
예쁘다~
와~ 와~
FISH
네코야마 수산
저렇게 예쁜 색이었건만...

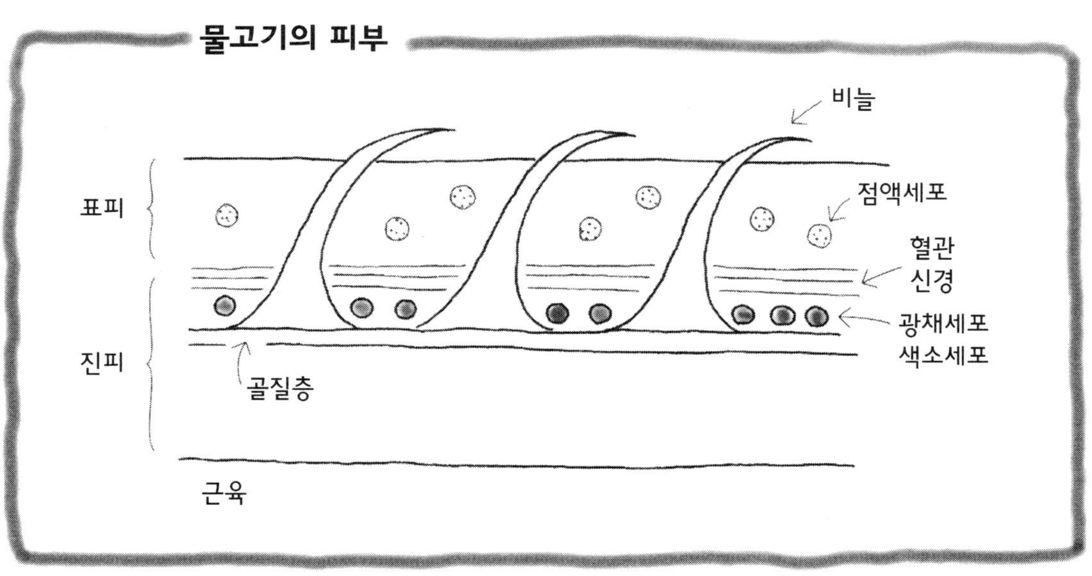
물고기의 피부
비늘
표피
점액세포
혈관
신경
광채세포
색소세포
진피
골질층
근육

2) 아가미와 호흡, 혈액순환

아가미 덮개를 들어올려 아가미 색이 선홍색을 나타내고 있는 것을 선택한다.

아가미는 육상동물 폐의 역할을 하고 있으며, 모든 물고기는 아가미로 호흡한다. 산소를 섭취하고 탄산가스를 배출하는 기구(機構)는 산소를 공기중으로부터 들이마실지 또는 수중에서 들이마실지의 차이이지만, 우리 인간은 겨울철 건조한 실내에 가습을 해야 할 필요가 있는 것처럼, 폐포 안에는 일정 농도의 습기가 필요하다. 즉 물고기도 인간도 수분의 존재하에서 호흡하고 있는 것이다.

아가미는 5쌍의 새궁으로 이루어져 앞의 4쌍에는 각각 가늘고 긴 새변이 후방을 향해 2열로 있고, 그 2열은 아가미 격막에 의해 접착하고 있다. 새변의 양측면에는 반원형의 2차새변이 다수 있어, 그 표면에는 모세혈관이 다수 평행으로 있다. 모세혈관내의 혈액흐름은 2차새변 사이를 통하는 호흡수의 흐름과 반대로, 가스교환능률을 현격히 높이는 대항류계를 이루고 있다.

구강에 들어온 물은 아가미의 표면을 지나 새공으로부터 외계로 나온다. 이 사이에 체내의 배설물을 다량으로 포함한 정맥혈은 복부 대동맥으로부터 분기한 입새동맥을 거쳐 2차새변에 이른다. 이 부분은 혈관도 모세관이 되어 혈구가 1개씩 간신히 통과할 수 있는 두께이며, 또 이 혈관벽은 극히 얇고, 이것을 사이에 두고 호흡수와의 사이에 가스교환을 한다. 즉, 정맥혈에서 옮겨져 온 탄산가스나 배설물의 일부는 여기부터 박막을 통해 외계에 배출되는 반면, 삼킨 물로부터 산소를 섭취해 동맥혈이 된다. 동맥혈은 출새동맥을 지나 대부분 복부 대동맥에 들어온다.

아가미로 탄산가스를 체외에 배출하는 반면, 산소를 충분히 섭취한 혈액은 탄산가스 또는 노폐물이 모인 체조직에 이르면, 혈액의 산소는 체조직 중의 저산소압으로 이동해, 동시에 그 부분의 탄산가스가 혈액내로 이행한다.

이상과 같이, 아가미에서는 끊임없이 혈액이 흘러들어가 정화된다는 것을 알 수 있다. 물고기의 사후, 선홍색을 나타내고 있던 혈액은 시간의 경과와 함께 암갈색을 나타내게 된다. 또한, 아가미는 생물기생(박테리아 오염도 포함한다), 물리적 · 화학적 자극에 의한 손상을 받기 쉽고, 아가미의 색으로부터 선도를 판단하는 것은 유효하다.

아가미의 구조

모세 혈관의 혈액 흐름과 물의 흐름은 역행하여, 가스교환 능률을 높이게 되어 있다.

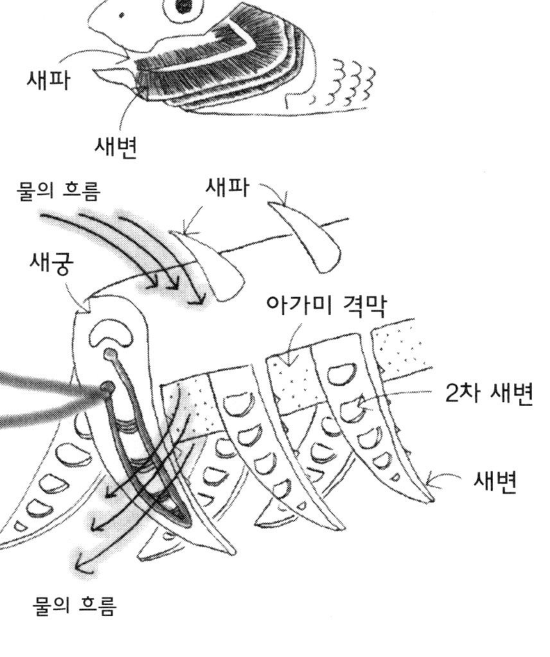

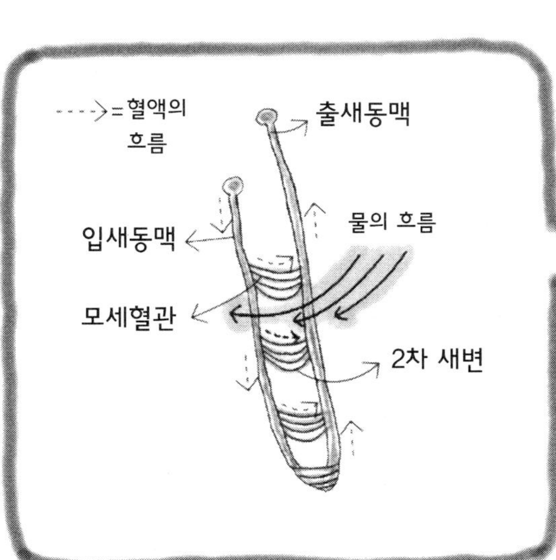

3) 눈

눈은 핏발이 서지 않고, 윤기가 있고 투명한 것을 선택한다. 뿌옇게 흐려진 것은 꽤 선도가 떨어져 있다고 생각해도 좋다.

눈은 머리의 좌우 양측으로 1개씩 있고, 유영력이 뛰어난 종류에 잘 발달되어 있다. 어류의 눈에는 눈물샘이나 눈꺼풀도 없다. 눈의 건조를 걱정할 필요가 없기 때문이다. 정어리, 고등어 등의 눈은 투명한 지질층으로 덮여있다. 또한, 상어에는 순막이라고 하는 막이 있어, 투입광선의 강도와 관련해 눈의 하반부 또는 전면을 덮도록 되어있다.

물고기 안구의 전면 외측에는 각막이 있다. 각막은 외층의 각막상피와 내층과의 사이에 콜라겐 섬유층이 있고, 3층으로 구성되어있다. 각막의 안쪽연내에는 홍채가 있어, 중앙에 동공을 만들고 있다. 홍채의 안쪽에 늘어서 안구의 안쪽을 망막이 가려, 그 외측에 맥락막이 있다. 맥락막은 세소혈관이 풍부해 망막에 영양을 보내지만, 그 안쪽에 구아닌결정체를 포함해 광선의 부족한 환경에 대응하고 있다.

물고기 눈의 특징은 맥락막으로부터 수정체를 향해 낫모양 돌기가 뚫고 나와 있고, 이것이 수정체에 부착해, 망막에 접근하는 것에 의해 초점을 조절한다.

수정체는 수정체포에 덮여 안에는 수정체질이 존재한다. 수정체포와 수정체질 사이에는 수정체 상피가 있고 수정체질은 수정체 상피세포가 변화한 것이다.

수정체 또는 유리양분의 혼탁은 구성단백질이 변성했기 때문에 빛의 굴절률이 늘어난 것에 의해서 생긴다.

제 눈을 보세요
내 눈을 바라봐

물고기의 눈 구조

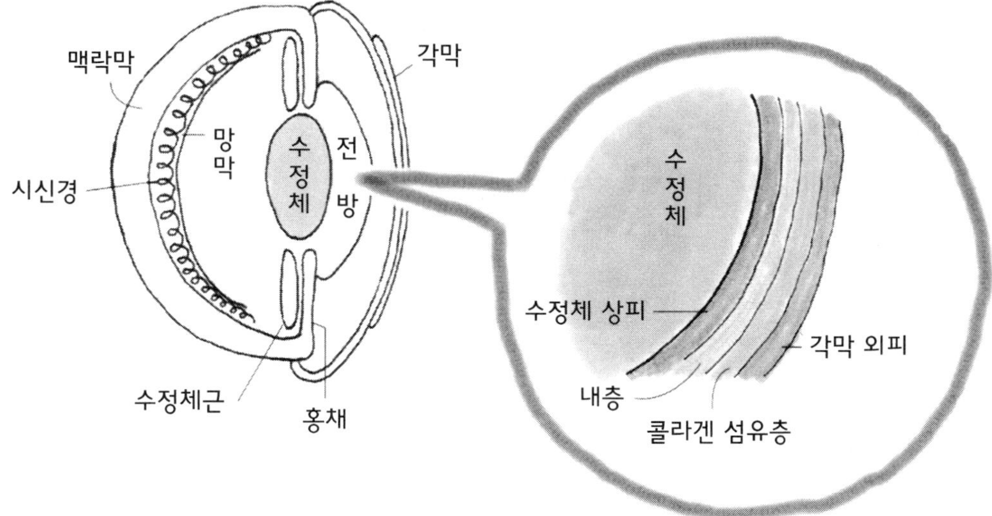

맥락막
망막
시신경
수정체
전방
각막
수정체근
홍채
수정체
수정체 상피
각막 외피
내층
콜라겐 섬유층

4) 복부의 탄력 상태

신선한 생선일수록 복부에 탄력이 있고 머리를 잡았을 때 꼬리가 수평으로 유지하며 쳐지지 않는 것은 선도가 꽤 좋은 것이다.

복부에는 소화기관, 배설기관, 생식기관이 존재한다.

물고기의 위에는 음식물의 저장과 소화를 한다. 위는 입구의 분문부, 이어서 맹낭부 및 장에 연결되는 유문부 등 3 부분으로 나뉜다. 위의 내벽은 점막으로 덮여 점막에는 다수의 주름이 보인다. 위의 점막 하부에 위선이 있어 염산이나 각종 분해효소(펩신, 트립신, 아미라제, 리파제)가 분비된다. 위의 유문부는 장의 입구로 이어져, 이 경계에 유문수가 있다. 유문수는 소화효소(마르타제, 인베르타제, 트립신, 프로테아제)를 분비해, 음식의 소화, 흡수를 한다.

장은 췌장이나 담낭으로부터 소화액을 받아 스스로도 소화효소를 분비하고 소화작용을 하여 소화된 영양물질의 흡수도 한다. 장의 길이는 식성과 관계가 있다고 알려져, 식물성 사료를 섭취하는 물고기의 장은 동물성 사료를 섭취하고 있는 물고기의 장보다 긴 경향이 있다.

간장은 위 옆에 위치해, 형태는 물고기에 따라서 꽤 다르지만, 간정맥을 중심으로 해 그 주위에 방사상으로 퍼진 간세포소의 집합한 것이다. 췌장과 위와 함께 간췌장을 형성하고 있는 경우도 있다. 고등어의 간장중에는 아미라제, 인베르타제, 마르타제가 존재한다.

췌장은 장간막 가까이의 지방조직내 또는 간문부를 중심으로 분포해, 췌관은 장의 입구로 이어진다. 췌장에서 생성된 소화효소를 포함한 췌액은 췌관에 의해 장내에 분비된다.

신장은 체강배벽에 위치해, 물고기에서는 척주를 따라 위치한 한쌍의 가늘고 긴 기관이지만, 형태는 다양하다. 신장은 혈액으로부터 노폐물을 걸러 소변으로 배설한다. 한편, 체액량을 가감해 무기이온, 나트륨이온, 염소이온, 탄산이온 등의 농도를 조절하고, 침투압을 적당히 유지하는 작용을 한다.

이상과 같이 복부 내에는 사후 순식간에 스스로의 효소에 의한 각종 효소반응, 미생물의 움직임이 활발해져, 생세포는 차례차례로 사멸하여 복부의 탄력이 사라진다.

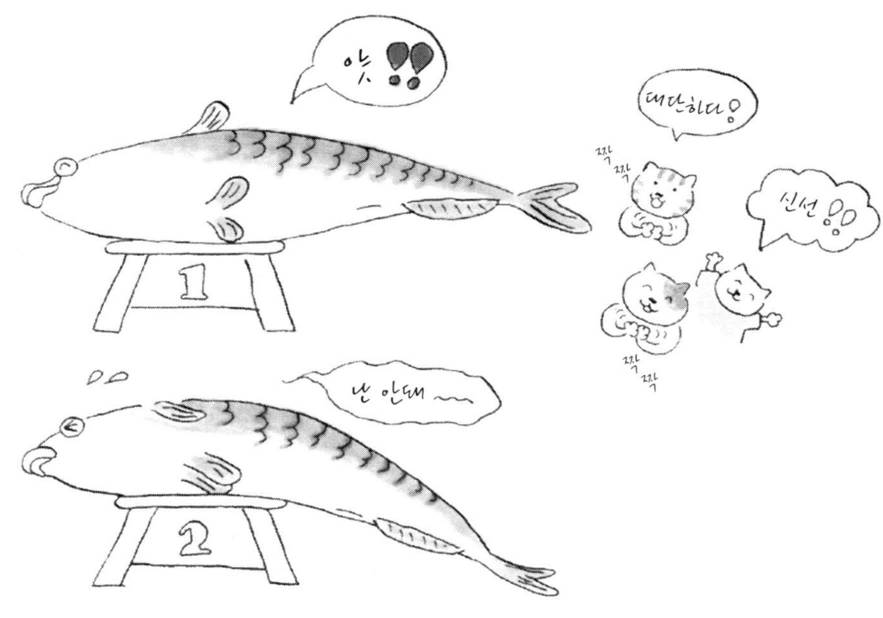

물고기의 몸

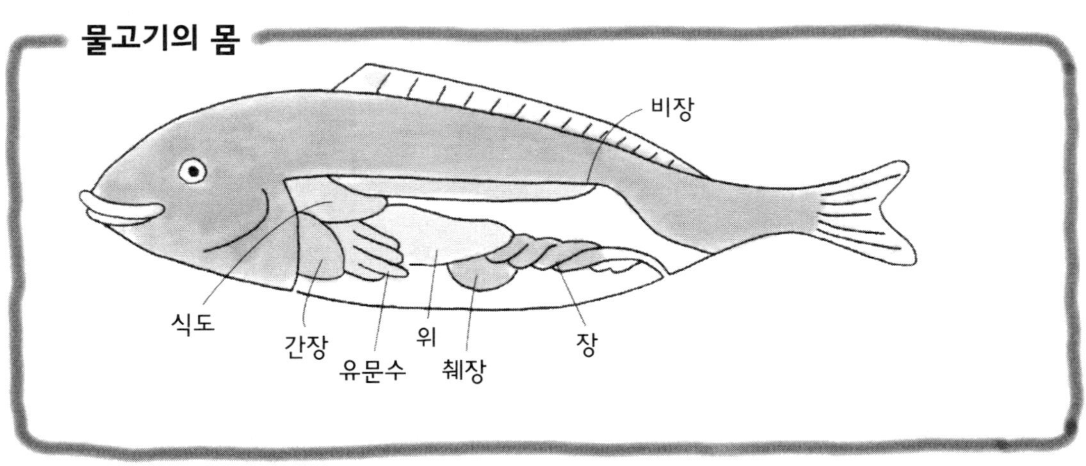

5) 냄새

신선한 해산어의 냄새는 약한 바다향을 동반한 기분 좋은 냄새다.

냄새는 맛, 색, 텍스처 등과 함께 식품의 평가를 결정하는 중요한 요소이다.

어패류의 냄새는 신선품의 냄새와 선도저하에 따라 생성하는 냄새로 나눌 수 있다. 어획 직후의 어패류 냄새는 매우 약하지만, 시간의 경과와 함께 선도저하 냄새로부터 한층 더 부패냄새를 발하게 된다. 이들의 주체는 암모니아, 디메틸아민, 트리메틸아민이다. 하지만, 암모니아는 AMP로부터 생성되지만 그 양은 미미한 것으로, 물고기의 선도저하 냄새로서는 인지하기 어렵다. 암모니아는 한층 더 선도저하에 따라 유리 아미노산(엑기스 성분)이나 단백질을 구성하는 아미노산으로부터 탈아미노반응에 의해 생성되지만 역치가 높고(수중에서 110 ppm 이하면 냄새를 느끼지 않는다), 선도저하 냄새로서는 인지하기 어렵다.

다만, 판새류(상어, 가오리)는 간장에서 합성된 대량의 요소가 재흡수되어 체내에 넓게 분포해, 이것이 사후, 세균의 우레아제로 분해되어 암모니아를 생성해, 강한 암모니아 악취를 내게 된다.

상어와 황새치의 선도저하에 따른 요소양, 암모니아양의 변화(단위 : mg/근육 100g)

저장일수 (일)		0	1	2	3	4	5
상어	요소	887	879	733	440	154	28
	암모니아	15	19	138	416	637	701
황새치	요소	0	0	0	0	0	0
	암모니아	14	11	14	25	26	124

須山三千三: 동경수산대학 특별연구보고 No. 1 (1960)에서

TMA(트리메틸아민)는 선도저하에 따라 증가하지만, TMAO(트리메틸아민 옥시드)로부터 박테리아의 작용에 의해 생성하는 TMA는 비린냄새, 부패냄새에 가장 관계 깊은 성분이다. 그 밖에, 선도저하 냄새로서는 황화수소, 메탄티올, 디메틸설피드, 알데히드류, 이소낙산, 이소길초산, 부패냄새로서는 인돌, 암모니아 등이 있다.

신선한 생선의 냄새

해산어: TMAO 기분 좋은 비린내

민물고기 : 피페리진

은어 : 노나디에날 오이냄새

대구 냉동어 : 헵타날

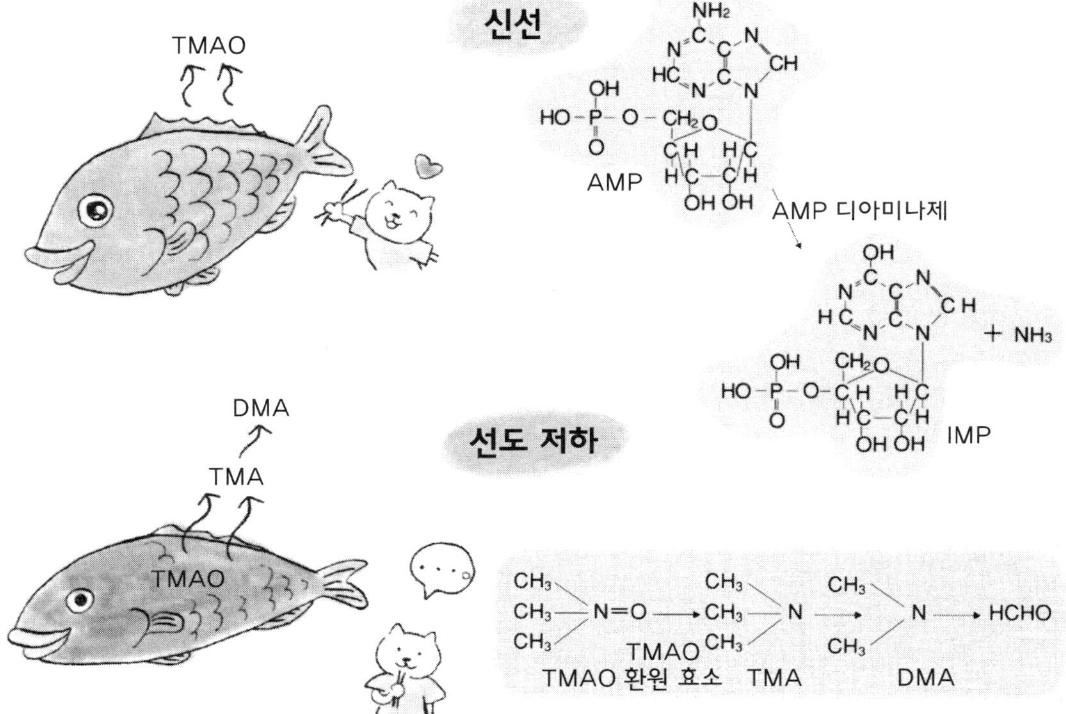

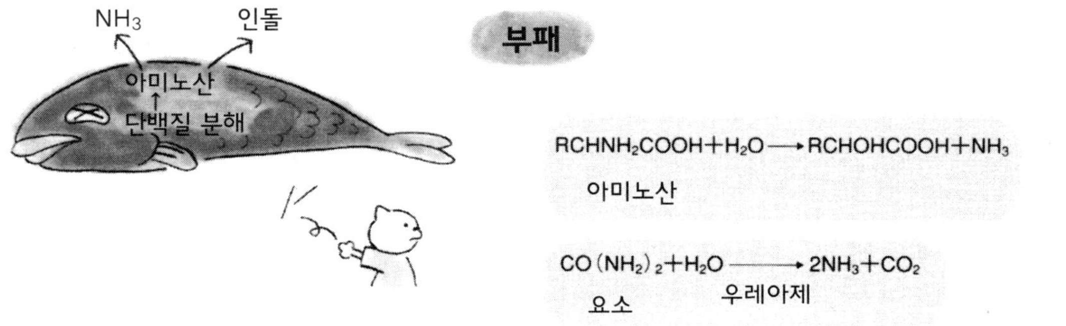

$RCHNH_2COOH + H_2O \rightarrow RCHOHCOOH + NH_3$

아미노산

$CO(NH_2)_2 + H_2O \rightarrow 2NH_3 + CO_2$

요소 우레아제

제 2 장 어류의 사후변화

1) 고민사와 사후경직

물고기의 사후변화는 물고기의 상태(고민하다 죽었는지, 사후 몇 ℃에 놓여졌는지, 사후 몇 시간 경과했는지 등)에 따라 복잡하다. 물고기는 스스로의 생명을 유지하기위해, 필요한 에너지를 ATP라고 하는 화학물질의 형태로 비축한다. 즉, 인간과 같이 먹은 먹이는 글리코겐이나 지질로서 비축한다는 것은 잘 알려진 것이지만, 체내에서의 화학반응시에는 ATP의 형태로 사용하는 것이다. 물고기가 낚아 올려질 때 날뛰면 당연히 에너지를 필요로 하지만, 이 에너지는 ATP가 분해되면서 얻을 수 있는 것이다. 물고기가 살아 있으면 크레아틴인산으로부터의 보급이 있어 ATP양은 곧바로 회복한다. 하지만, 물고기의 사후 산소가 충분히 보급되지 않으면 글리코겐의 분해는 혐기적으로 되어, 일방적으로 유산이 축적해 pH의 저하를 일으킨다. 또한, ATP의 재생산은 없어지고 ATP는 시간과 함께 소실한다. 이 사이에 근육을 구성하는 근섬유 단백질 미오신은 ATP를 사이에 두고 액틴과 결합해, 액틴-미오신 복합체를 형성하는 것에 의해 근수축을 일으킨다. 이것이 사후경직이다.

다음 페이지에서 물고기 사후의 시간경과에 따른 변화를 나타냈다. 외형의 큰 변화는 어체가 막대기와 같이 경직한 후 다시 부드러워지는 해경이다. 해경 이전의 물고기는 신선어로 불려 생선회로 먹을 수 있다. 해경 이후는 선어로 불리지만, 가다랑어, 참치, 전갱이, 고등어 등의 적색육 생선은 오히려 이 시기가 맛있다고 한다. 우리들은 이러한 변화 과정의 다양한 단계의 생선을 먹고 있다.

ATP의 분해는 ADP에 멈추지 않고, 다음 페이지에 나타낸 분해 과정에 따라 IMP까지 분해되지만, 이후의 반응이 늦기 때문에 경직중은 맛있는 성분이기도 한 IMP가 가장 많다. 그 때문에, 경직중의 생선은 죽은 직후보다도 맛있다고 한다. 사후경직의 지속시간은 어종별, 또한 상기 조건에 의해 다르지만, 축육보다 훨씬 짧고, 길어도 3, 4일로 그 후 해경이 시작된다. 고민사 한 물고기에서는 즉살어와 비교해 사후경직의 진행이 빠르다고 알려져 있다. 이것은 고민에 의한 에너지에 근육중의 크레아틴 인산이나 ATP가 대부분 사용되기 때문이다.

경직은 미오신과 엑틴과의 결합에 의해 발생하지만, 거기에는 Ca이온의 존재를 필요로 한다. Ca이온 농도는 이 Ca이온을 저장해 두는 근소포체에 의해 조절되지만, 근소포체의 Ca이온 수확능이 시간의 경과와 함께 저하해, 엑틴-미오신간의 Ca이온 농도가 한층 더 상승하면, 엑틴-미오신간의 결합은 역으로 느슨해 져서(해경), 이윽고 액틴의 분해, 유리등이 일어나 근섬유의 소편화를 일으켜 근육은 연화한다. 해경과 연화의 시기도 어종에 따라 다양하다. 근육의 해경과 연화에는 콜라겐의 구조변화나 근육 프로테아제의 작용 등이 예측되고 있지만, 아직 완전하게 해명되어 있지 않다.

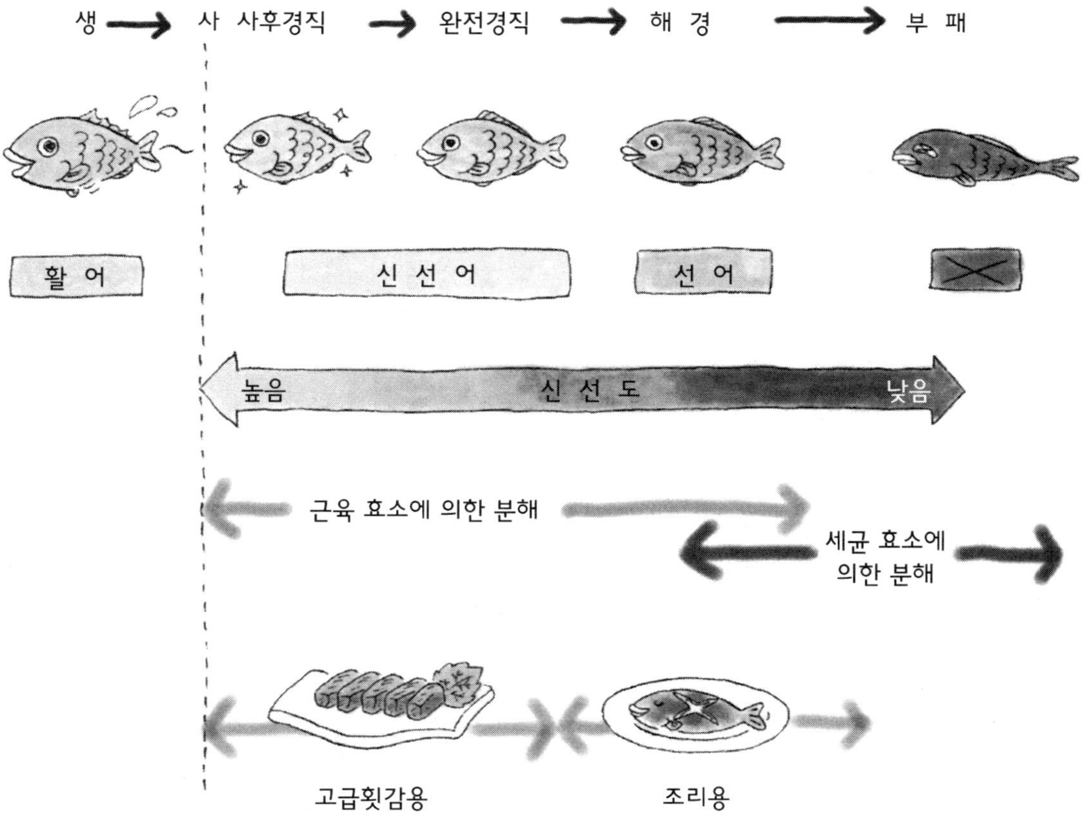

생 → 사 사후경직 → 완전경직 → 해 경 → 부 패

활 어

신 선 어

선 어

높음 신 선 도 낮음

근육 효소에 의한 분해

세균 효소에 의한 분해

고급횟감용

조리용

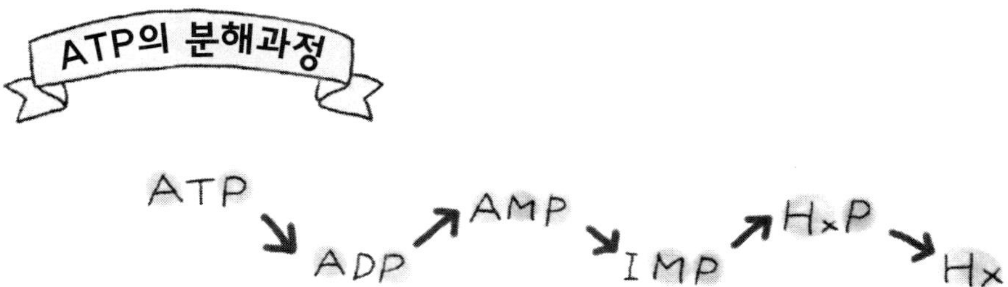

2) 자기소화와 효소작용

생선의 신선도는 생물학적, 물리학적, 과학적 시점으로부터 생각해야 한다.

생체내에서 분해, 합성, 산화, 환원 등의 화학반응이 상온, 상압, 중성 부근의 생리적 조건하에서 용이하게 행해지는 것은 주로 다종다양의 효소가 존재해, 그것들이 세포의 특수한 미세구조(예를 들어, 미토콘드리아) 중에서 적당하게 배치되어 작용하는 것에 의한다고 한다. 이러한 화학반응은 온도에 의존하고 있어서 생선을 저온에 보존하는 이유가 여기에 있다.

물고기의 사후 근육내 화학변화를 보면, 우선 중성 부근으로 유지되고 있던 pH가 현저히 저하하는 것이 관찰된다. 살아있을 때는 근육에도 혈액에도 주로 단백질에 의한 완충능이 있어 급격한 pH변화를 억제하고 있지만, 충분한 양의 산소 공급이 끊어져 ATP나 글리코겐의 재생산이 정지하면, ATP의 분해나 글리코겐으로부터의 유산생성(글리콜리시스)이 일방적으로 일어나, pH가 5 부근까지 저하한다.

따라서, 근육내에 존재하는 해당계효소, 단백질분해효소, 지질분해효소 중 pH5 부근에 최적 pH를 갖는 효소는 활성이 증가해 새로운 분해생성물을 만들어 내지만(예를 들어, ATPase는 근경직을 일으킨다), 한편 이 부근에서 활성이 현저하게 저하하는 해당계효소(헤키소나제)는 새로운 유산의 생성을 정지한다. 새로운 생성물은 pH를 서서히 변화시켜, 그 pH를 최적 pH로 하는 효소는 한층 더 활성을 더해, 또 새로운 분해생성물을 만들어 낸다. 이렇게 분해생성물과 pH변화가 잇달아 근육내 화학변화를 일으켜(자기소화, 오트리시스), ATP의 분해, 단백질의 펩타이드화, 유리아미노산의 생성, 지질의 산화, 당의 분해, 유기산의 생성 등이 관찰된다.

그 후, 부패균의 증식을 용이하게 하는 환경이 구축되어 육질도 연약하게 되어 부패된다. 자기소화 과정은 박테리아에 의한 영향이 없다고 생각하지만, 부패균 증식과의 경계는 명확하지 않다. 더욱이, 물고기의 비릿한 냄새인 TMA나 히스타민의 생성은 박테리아에 의한 환원효소에 의한 것이며, 자기 소화가 아니다 [제6장 7) 물고기 사후변화의 개략도를 참조].

살아있을 때

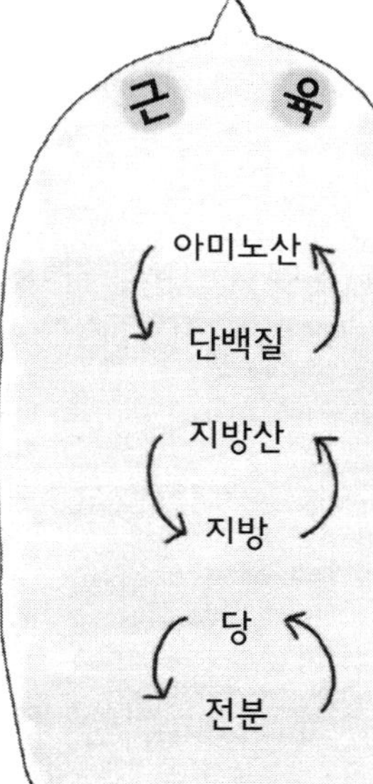

사후 · 자기소화

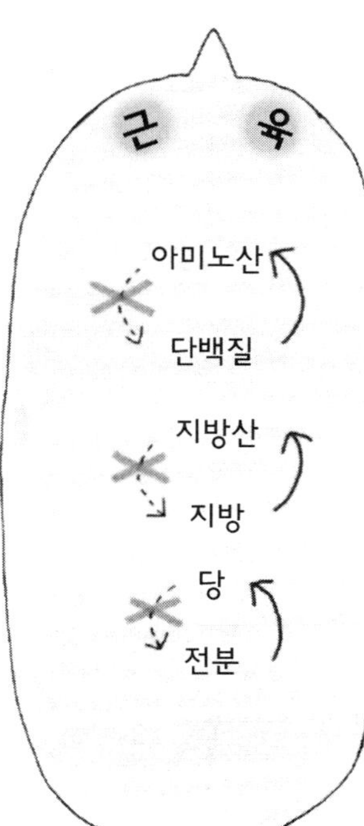

부 패

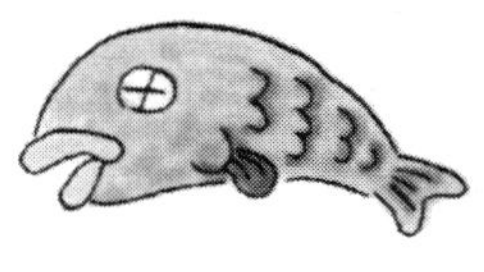

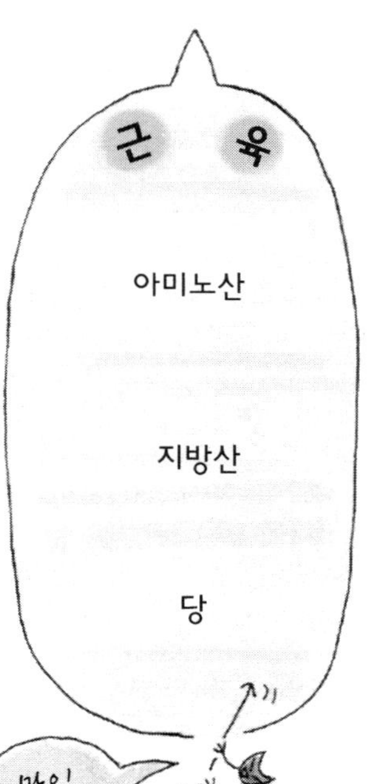

3) 즉살, 끓은 물에 살짝 데침, 식초에 담가 절이기

일본의 한 어촌의 어부는 돔를 낚아 올리자마자 연수를 일격해 죽인다고 한다. 이것을 "즉살"이라고 한다. 이것은 무엇을 의미하는가?

물고기는 날뛰거나 고민함으로서 에너지를 소비한다. 이것은 산소의 부족하에서 일어남으로, 글리코겐의 사용 즉 유산의 축적으로 연결된다. 제2장 1)에서 기술한 것처럼 근육을 선도 좋게 유지하는 것은 가장 먼저 혐기적 글리콜리시스를 최소한으로 억제해 사후경직 시간을 가능한 한 길게 늘리는 것에 의해, 자기소화의 시작을 가능한 한 늦추는 것이다. 즉, 이론적으로는 즉시 저온으로 해 근육 내에서 일어나는 화학반응의 속도를 늦추던지, 고민없이 즉살하는 것이 그 후의 선도유지에는 중요하다. 한편, 생식역 온도에 두는 것이 경직개시를 늦출 수 있다고 하여 경직전의 육질을 즐기는 넙치 등은, 10℃ 정도로 수송하고 있다.

보통, 돔 등을 생선회로 하는 경우는 즉살한 후, 10시간 정도 냉장하고 나서(경직이 끝나, 맛있는 성분인 IMP 함량이 높아진다) 조리할지 또는 얼음물에 씻어 오돌오돌하게 만든 잉어회와 같이 즉살 후 끓는 물에 살짝 데쳐서 즉시 냉수로 되돌려 경직을 단시간에 끝내 맛있는 성분을 꺼내는 조리법이 취해지고 있다. 식초에 담가 절이기도 동일한 생각으로 pH를 내리는 것에 의해 사후의 화학변화(효소반응)를 정지시키는 것이다.

어체 처리

참치 : 선상에서 방혈, 수세 후, −5℃∼−10℃로 예냉. 이어서 −45℃∼−55℃로 표면 온도가 −40℃ 이하, 품온 −35℃까지 급속동결 (약 1일). 그 다음에 그레이징, −40℃ 이하로 냉장.
−1℃∼0℃ 저장으로 신선도가 좋은 것은 2주간, 한계 6주간.

정어리, 꽁치, 고등어 : 어획 후, 선상에서 얼음 저장, 육상에서 −30℃ 이하로 동결, −20℃ 이하로 냉장.
−1℃∼0℃ 저장으로 신선도가 좋은 것은 4일, 한계 10일.

새우 : 흑변방지를 위해 0.5∼0.7% 아황산수소나트륨에 10분 침지후 동결.
−1℃∼0℃ 저장으로 신선도가 좋은 것은 5일, 한계 14일.

오징어 : −30℃∼−40℃로 15시간 동결 후, 그레이징.
−1℃∼0℃ 저장으로 신선도가 좋은 것은 3일, 한계 7일.

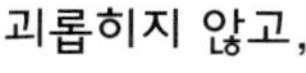

괴롭히지 않고,

곧바로 죽인다!

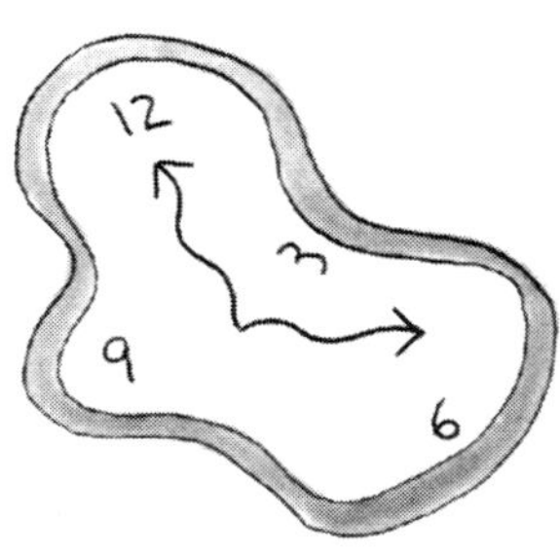

사후경직 시간을 길게 늘린다.

자기소화의 시작을 늦출 수 있다.

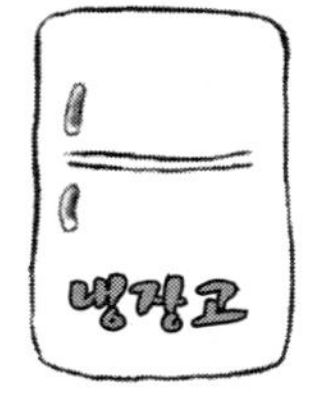

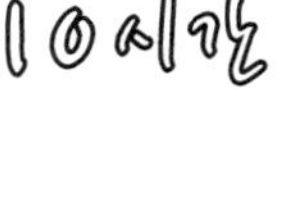

4) 소고기에 선도 (K값)는 없다

소고기와 어육의 단백질 조성을 비교하면(표), 단백질 함량은 어육, 축육 모두 큰 차이 없이 15~20%이다. 그 중에서 염용성단백질 인근원섬유단백질 및 수용성 근형질단백질은 서로 약간의 차이는 있지만, 같은 레벨이다. 한편, 콜라겐으로 대표되는 결합조직단백질은 축육이 어육에 비해 극단적으로 많다.

어육, 축육의 단백질 조성 (%)

	물고기	소	돼지
단백질 함량		15 ~ 20	
근원섬유 단백질	60~70	51	51
근형질 단백질	21~32	24	20
결합조직 단백질	2~3	25	29

이것이 원인으로, 축육은 도살직후 딱딱해서 먹을 수 없다. 따라서, 도살 후 에이징이라고 해 축육을 10℃의 저온실에서 10일 정도 저장하여 근육중에 원래 존재하는 각종 효소의 활동으로 육질을 분해해 부드럽게 한다.

먼저 기술한 것처럼, 물고기를 즉살 후 0℃로 저장하여도 생선회로 먹을 수 있는 기간은 겨우 일주일이다. 10℃ 저장으로는 2일 정도이다. 축육의 에이징 조건을 생각하면 축육의 선도는 어육의 레벨이 아닌 것은 이해할 수 있다.

더욱이, 일류 요리사는 도살직후(에이징 전)의 축육을 구입해 주방에서 온도관리를 하여 최적의 시점에서 조리한다.

어느 쪽의 회 쇼!!

5) 해동경직과 참치의 동결

살아 있는 동물의 근육은 투명감이 있지만, 사후에는 경직되어 불투명한 느낌을 주게 된다. 이 현상이 사후경직이다. 근육이 경직에 이르기까지의 시간은 근육내에서 일어나는 생화학적 반응 속도에 의존하고 있어, 동물의 종류, 영양상태 또는 저장온도에 크게 영향을 받기 위해 통틀어는 말할 수 없지만, 소에서는 24시간, 돼지에서는 12시간, 닭에서는 2시간 정도이며, 그 지속시간은, 5℃ 저장의 경우, 소는 8~10일간, 돼지는 4~6일간, 닭은 반나절~1일이라고 한다. 이 과정을 일반적으로 숙성이라고 한다. 어류 근육은 생리상태나 어획방법 등 여러 가지의 조건에 의해 영향을 받지만, 사후 수분부터 수십시간에 경직되어, 그 지속 시간은 5~22시간이며 전체적으로 짧은 것이 특징이다.

1. 냉각경직

일반적으로 근육을 10℃ 이하로 냉각하면 격하게 수축하는 현상이 보인다. 이러한 냉각수축 현상은 축육의 적색육에서 일어나는 경우가 많은데, 그 원인은 pH 및 ATP 농도가 생근육과 같은 상태인데 냉각이 자극이 되어 근소포체나 미토콘드리아로부터 Ca^{2+}가 방출되기 때문이다.

2. 해동경직

스트레스를 주지 않고 죽인 물고기를 급속 동결해, 비교적 단시간 동안에 해동하면 격하게 수축한다. 이 현상을 해동 경직이라고 한다. 스트레스를 준 물고기를 똑같이 동결해동해도 일어나지 않는다. 해동경직을 일으키는 물고기는 다량의 ATP와 글리코겐이 존재하고 있어, 해동시에 이것들이 급속히 분해하여 이노신산과 유산을 생성해 다량의 드립이 나오는 등 근육조직의 손실이 크다. 또한, 이러한 물고기를 −15℃에서 2주간 저장하면 해동 경직이 일어나지 않게 된다.

3. 동결온도 및 색조

선홍색의 참치육을 일반적으로 동결하면 해동했을 때 갈색의 육질로 변해 버린다. 이것은 근육 중 적색색소의 미오글로빈이 산화되어 흑갈색의 메트미오글로빈으로 바뀌기 때문이다. 동결 참치의 흑변은 볼품이 나쁘기 때문에 상품가치가 저하해 버린다. 이것을 방지하는 방법으로서 동결하는 온도와 저장하는 온도를 가능한 한 저온에서 유지한다. 참치류에서는 −50℃ 이하의 초저온냉동고에서 저장한다 [제3장 3)을 참조].

-50℃ 이하!!

6) 고등어가 신선해 보이나 상한 상태, 선도 저하가 빠른 물고기와 느린 물고기

고등어에는 고등어, 망치고등어 외에도 노르웨이산 대서양고등어 등이 있다. [고등어가 육안으로 신선해 보이지만 상한 상태]는 육질연화가 빨리 일어나는 것을 의미하는 말이지만, 알레르기성 식중독인 히스타민 [제5장 6-1) 참조]의 생성에도 관계가 있다. 일반적으로 회유어인 적색어류는 히스티딘이라는 아미노산을 많이 포함하고 있어 선도저하에 따라 미생물에 의해 알레르겐 물질인 히스타민이 다량으로 생성되어 식중독을 일으킨다. 최근, 일본의 저온 유통 발달에 의해 어패류의 저온관리나 위생관리가 충분히 행해지게 되어, 히스타민 식중독에 걸리는 비율이 낮아졌다. 또한, 기생충 아니사키스(선충) 대책이나 육질의 연화를 막는 방법으로서 소금이나 식초를 이용하게 되었다. 일찍이, 육질의 연화, 히스타민 중독, 그리고 기생충 등에 걸리기 쉬워서 [고등어가 육안으로 신선해 보이지만 상한 상태]라고 주의했던 것은 아닐까 생각된다. "구미인에게 적색어류를 먹일 때는 조심해"라는 것은, 구미인의 히스타민 중독의 한계는 50ppm이지만, 일본인의 경우 1,000 ppm으로 내성이 강하다.

"가을 고등어는 며느리에게 먹이지 말아라"라고 하는 것은, 가을 고등어는 기름이 올라 아주 맛있기 때문이다.

생선의 신선도 분별법

포인트① 눈 : 눈의 색이 맑은 것(피가 섞이지 않은 것)
포인트② 아가미 : 아가미의 색이 선명한 것 (암갈색, 녹아 있지 않은 것)
포인트③ 체표 : 체표의 색이나 윤기가 좋은 것 (하얗게 되지 않은 것)
포인트④ 비늘 : 비늘 상태가 좋은 것(예쁘게 갖춰져 있고 벗겨지지 않은 것)
포인트⑤ 복부 : 어체, 복부에 탄력성이 있는 것(상처나거나 내장이 나와 있지 않은 것)

어종 마다의 신선도 분별법

전갱이 : 어체에 푸른 빛이 맴돌고, 복부가 높게 부풀어오르고, 옆줄의 비늘이 튼튼하고, 눈이 검고 맑은 것이 신선도가 좋다. 눈 주위가 붉고, 아가미로부터 피가 나와 있는 것은 선도가 떨어진 것이다.

정어리 : 눈이 까마면서 맑고, 몸이 빛나고, 비늘이 남아 있고, 얼룩무늬가 선명하고 배가 살쪄 있는 것은 신선하다. 눈이 붉고, 몸에 탄력이 없는 것은 선도가 떨어진 것이다.

고등어 : 등이 푸르고 모양이 명확하고, 복부가 은색으로 빛나고, 눈이 맑아 붉고 선명한 것이 신선하다. 눈이 탁해져 있거나, 복부가 부드러운 것은 선도가 떨어진 것이다.

꽁 치 : 눈이 검고 맑아, 전체적으로 광택이 있고, 등 부분이 푸르고, 비늘이 남아 빛나고 있는 것이 신선하다. 눈이 붉고 탁해져 있거나, 복부가 찢어져 있는 것은 신선도가 떨어진 것이다.

생선의 선도저하 스피드 비교

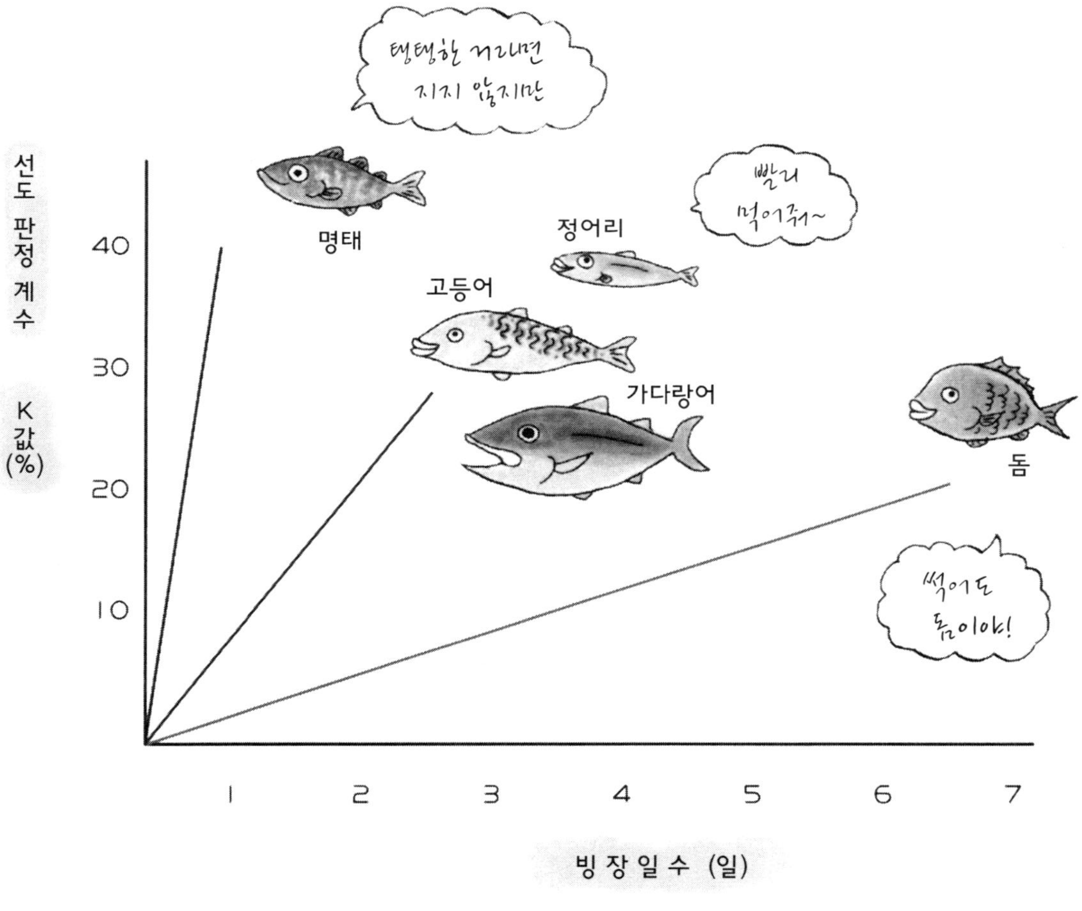

탱탱한 거라면
지지 않지만

빨리
먹어줘~

썩어도
돔이야!

선도 판정 계수 K값 (%)

40
30
20
10

명태
정어리
고등어
가다랑어
돔

1 2 3 4 5 6 7

빙 장 일 수 (일)

7) 선도와 맛

생선은 부패하기 바로 전이 맛있다고 하는 잘못된 생각이 있다.

어육의 맛은 어종에 따라 다양하지만, 이노신산, 유리아미노산, 유기산 등이 중요한 정미성분으로, 일반적으로 적색어류의 맛은 히스티딘 양과 밀접한 관계가 있다고 한다. 또한, 계절에 따라 생선의 지질함량이 급격히 바뀌어서 이른바 제철 생선의 맛은 생선의 맛에 지질이 크게 관여하고 있다고 생각된다.

확실히 상술한 정미성분(엑기스성분)은 선도저하와 함께 증대해, 미생물의 증식을 조장한다. 여기에서 부패하기 바로 전이 맛있다고 하는 근원이 있는 것 같다. 하지만, 한편으로 엑기스성분의 증대는 부패취의 요인이 되거나 상술한 히스티딘으로부터 알레르기성 식중독의 원인인 히스타민이 생성된다.

생선의 맛은 알맞은 식감과 품온이 기본으로, 그 위에 다양한 정미성분이 관여하는 것에 의해 만들어진다고 생각하는 것이 맞다. 따라서, 전술한 지표에 따르면 생선회로 K값 = 20% 정도까지, 조리용으로 K값 = 40% 정도까지가 신선한 생선이고, 예를 들어 얼음물에 씻어 오돌오돌하게 만든 잉어회는 사후경직 중 근육의 딱딱함, 즉 식감을 즐기고, 넙치의 활어회 등은 사후경직전의 생선이다. 다음 페이지의 표에 가리비, 전복, 오징어, 새우, 게의 정미성분을 나타냈지만, 신선한 것일수록 맛있다는 것은 우리 모두 알고있다. K값은 어종에 따라 다소 다르다.

특징적인 정미 성분 (함유량이 많은 것)

가리비	전복	성게	오징어	새우	게
글리신	글리신	글리신	글리신	글리신	글리신
		알라닌	알라닌		
베타인	베타인				베타인
타우린	타우린	타우린	타우린	타우린	
알기닌	알기닌	알기닌		알기닌	알기닌
			프롤린	프롤린	프롤린
AMP	AMP				AMP
Na^+				Na^+	Na^+
K^+				K^+	K^+
Cl^-				Cl^-	Cl^-
글리코겐	글리코겐				

鴻巣章二, 橋本周久 :「수산이용화학」恒星社厚生閣(1992)

8) 가다랑어포와 선도

가다랑어포*의 특징인 맛은 표면의 주름으로 분별할 수 있는데 주의 깊게 보면 껍질에 큰 주름이 있는 것, 주름이 없는 것, 오글오글한 잔주름이 있는 것 등 3가지로 나눌 수 있다. 특히 오글오글한 잔주름이 있는 가다랑어포가 가장 맛있다고 한다. 가다랑어포의 맛을 좌우하는 요인 중 하나에는 지방의 비율이 있어 이 비율에 의해 주름의 생성도 바뀐다. 오글오글한 잔주름이 있는 가다랑어포는 1~2% 정도의 지방분을 포함한 가다랑어로 만들어진다. 큰 주름이 있는 가다랑어포는 지방분이 지나치게 많은 가다랑어로 만들어져서 유절(油節)이라고 불린다. 이것은 몸이 부드럽고 떫은 맛이 있고 향기도 적어 양질이라고는 말할 수 없다. 한편, 지방이 극단적으로 적은 시기의 가다랑어를 사용해 만든 것이 주름이 전혀 없는 가다랑어포이지만, 향이 오글오글한 잔주름의 것보다 조금 뒤떨어진다.

1. 가다랑어포의 보존방법

가다랑어포는 보존성이 좋은 식품이지만, 보존의 방법이 나쁘면 벌레가 붙어 듬성듬성 구멍이 생긴다. 벌레가 붙는 것을 막으려면 쌀통에 넣어 보관하면 좋다고 한다. 쌀이 여분의 수분을 없애주므로 벌레가 붙기 어려워지기 때문이다. 또한, 랩이나 알루미늄호일에 싸서 냉장고에 넣어두면 좋다.

2. 가다랑어포의 깎는 방법

딱딱하게 된 가다랑어포는, ①미리 양배추 등의 야채로 싸기, ②사용하기 직전에 불로 굽기, ③뜨거운 물에 살짝 담그면 깎기 쉽게 된다. 덧붙여 가다랑어포의 표면에는 방충 · 방습을 위해 재를 묻히는 경우가 있으므로, 깎기 직전에 전체를 마른 행주로 닦는 것도 잊어서는 안된다.

3. 가다랑어포로 국물 내는 방법

가다랑어포는 국물을 내기 직전에 깎도록 한다. 가다랑어포는 산화하기 쉽고 시간이 지나면 맛이 연해진다. 또한, 물이 끓기 직전에 넣자마자 불을 끄고 거르도록 한다. 물이 끓기 전에 넣으면 비린내가 나고, 불을 끄고 나서 즉시 거르지 않고 우물쭈물하고 있으면 모처럼 우려낸 국물이 다시 가다랑어포에 흡착해 버리기 때문이다.

* 가다랑어포

가다랑어포를 만들 때, 생가다랑어를 익히는 공정이 있다 [자세한 것은 제6장 14) 참조]. 원료어의 선도가 양호한 경우에는, 익히는 물의 온도가 끓고 있을 때 원료어를 담그면 급격한 수축 (근원섬유단백질 섬유방향의 수축과 섬유에 직각방향으로의 두께 증가)에 의한 조직붕괴를 일으키므로 75~80℃로 익히기 시작해, 후에 90~95℃로 45~90분 가열한다. 선도가 떨어진 원료어의 경우는 90℃정도로 익혀, 육을 강하게 수축시킨다.

가다랑어포의 보존방법
☆ 쌀통 안에서…
☆ 랩에 쌓아 냉장고 안에…
1번!
국물을 내는 방법
가다랑어포는 조리하기 직전에 깎는다.
냄비에 물과 다시마를 넣고 끓인다.
다시마는 끓기 직전에 건져낼 것!
다시마를 건져내면 가다랑어포를 넣고 끓인다.
가다랑어포가 가라앉을 때까지…
불을 끄고 즉시 거른다.

제 3 장 선도가 떨어지는 요인

1) 미생물이 없으면 언제까지나 신선한가

물고기의 선도저하 과정은 반드시 명확하게 구별되고 있는 것은 아니지만, 그 열화요인의 면으로부터 크게 두 가지로 나눌 수 있다. 하나는 근육효소에 의한 열화이며(자기소화), 또 하나는 세균 효소에 의한 열화(부패)이다. 전자는 이른바 좋은 선도(생선도)의 변화로, 생선회나 초밥 등으로 생식하는 경우에 특히 문제가 되는 것이다. 후자는 좋은 선도보다도 식용여부에 직접 영향을 주는 열화이다. 살균, 제균, 무균포장 등의 미생물 제어에 의해 미생물에 의한 선도저하를 억제했다고 해도 전자의 선도저하는 확실히 일어난다. 자기소화에는 다양한 효소가 관여하고 있어, 산화, 갈변 등의 변질을 촉진한다. 효소반응은 일반 화학반응과 마찬가지로 환경온도 의존성이 높고, 온도상승과 함께 반응속도가 증대해 효소단백질의 변성온도를 넘으면 그 활성을 소실한다. 또한, 저온저장 중에서도 반응은 진행되어 품질을 서서히 변화시키는 경우가 많은 것에 주의해야 된다.

또한, 물고기는 고도불포화지방산을 대량 포함하므로, 지질산화에 대해서도 극히 불안정하다. 한번 개시된 지질산화는 연쇄적으로 진행해, 일련의 산화반응에서 생성된 하이드로페록시드는 한층 더 분해되어 저급 알데히드, 케톤, 알코올 등의 휘발성 카보닐화합물을 생성한다. 저장 중에 진행되는 지질의 산화는 냄새, 맛, 색조, 물성, 영양가 및 안전성에 대해 매우 큰 영향을 준다. 또한, 지질산화물은 단백질과 가교구조를 형성하므로 기능성 및 텍스쳐에 영향을 준다. 아미노산이나 단백질 등의 아미노기를 지닌 질소화합물과 카보닐기를 지닌 화합물이 반응해 착색물질을 생성하는 아미노 · 카보닐반응(비효소적 갈변 반응)의 진행도 품질열화의 한 요인이다.

박테리아
미생물

헉~ 이제 먹을 수 없어~!!

안녕!

수분

오래 갈게!!

수분이 적으면 부패하기 어렵다!

음~~

색깔이 나쁘네...

탱탱함도 없네...

고온

2) 크릴새우의 소화효소

남극 크릴새우는 동물성 플랑크톤의 무리로 분류되어 수심 30~100m의 바다에서 부유해, 야간에는 표층으로 부상해 규조류를 포식한다.

일반적으로는 낚시미끼로 냉동블럭이나 팩, 생물 또는 가열품, 건조품 등이 시판되고 있다.

몇 년 전에 남극 크릴새우의 단백질을 유효이용하는 연구가 실시되어 백색어류로부터 어묵을 제조하는 공법을 응용한 단백질 제품이 개발되었다. 크릴새우의 두흉부 및 껍질 제거에는, 워터제트법이나 난류법이 고안되어 신선하고 손상이 없는 크릴새우육을 고수율로 얻을 수 있는 기술이 개발되었다. 그러나 크릴새우 근육에 간장이나 췌장, 위, 껍질, 내피조직이 섞이면 겔형성능이 저해된다. 이것은 내장 등에 포함된 단백질 분해효소(카텝신L, 키모트립신, 카텝신D)가 원인이라고 보고되고 있다.

크릴새우는 해동 후 수시간 방치하면 머리, 가슴, 각부의 백색부분이 흑변한다. 이 흑변은 자기소화효소에 의해 단백질이 분해되어 아미노산의 티로신이 생겨 이것이 효소에 의해 산화되어 흑색의 멜라닌을 생성하는 것에 기인한다. 이것을 막는 방법으로서 신선한 원료를 선택해 수용성의 티로신이나 산화효소를 물로 씻어 제거하여, 아스코르빈산 등의 흑변방지제를 사용하면 효과적이다. 또한 크릴새우를 익혀서 효소를 변성시켜 흑변을 방지할 수 있다.

크릴새우의 아스타키산틴은 활성산소의 작용에 의한 제질환을 억제하는 기능을 갖는 한편, 이것을 포함하는 크릴새우 추출물을 배합사료에 첨가하면 방어나 참돔의 체색개선에 효과가 있다. 또한, 아스타키산틴이 동물의 체내에서 츠나키산틴으로 변환되는 것도 밝혀졌다.

부새우 새우목 새우과 부새우속

체장 1.3cm

일본 부새우

우리도 먹고 있다!

부새우 조림

민물에
사는 것도 있다.

일본 근해에

190종!

크릴새우 크릴새우목 크릴새우과 난바다곤쟁이속

남극크릴새우

체장 최대 6cm

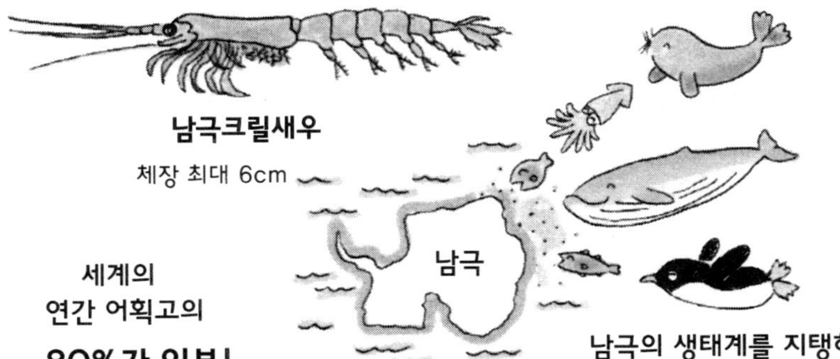

세계의
연간 어획고의
80%가 일본!
⇩
대부분이
낚시미끼?!

남극의 생태계를 지탱하는
생명의 근원!!

남극에서의, 소중한 자원!!
더 유효하게 활용하고 싶지요!

3) 외적 요인 - 온도, 습도, 산소

어패류에 한정하지 않고 식품은 그것을 둘러싸는 환경조건, 즉 온도이거나 산소이거나 습도 등에 의해 성분변화, 조직변화가 일어나며 또한 미생물의 번식에 의해 마침내 변패, 부패가 된다.

선도 저하의 요인은 이하와 같이 내적요인과 외적요인으로 크게 나뉜다.

1. 내적요인 : 화학성분의 변화, pH, 효소작용
2. 외적요인 : 온도, 산소, 습도, 미생물

내적요인은 근육중의 화학변화로서 파악할 수 있지만 [제4장 1)을 참조], 그것은 외적요인에 의해 상당히 억제할 수 있다. 외적요인 중 온도를 얼마나 저온으로 유지할지는 중요한 것으로, 저온 보존의 주된 목적은 근육중의 화학반응을 억제하는 것, 또는 미생물의 번식을 억제하는 것이다. 따라서, 어획후의 물고기를 즉시 저온으로 유지하는 것이 요구된다*. 어육 중 수분의 증발도 또한 근육중의 화학변화로서 파악할 수 있으므로 선도저하(품질열화)의 내적요인 중 하나로 생각할 수 있다. 장기간 냉동하는 경우, 외부습도는 극단적으로 저하하므로 근육내로부터의 수분증발을 피하기 위해서 참치와 같은 대형 물고기에 있어서는 어체를 얼음의 박막으로 가리는데, 이것을 그레이징이라고 부른다 또한, 장기간의 저장은 비록 저온이어도 물고기 체내 화학변화는 서서히 진행해, 특히 지질은 산화, 변패하기 쉽고, 산패취를 내게 된다. 이것을 막기 위해서는 외부 공기(산소)를 차단할 필요가 있다. 그레이징은 이 역할도 담당한다고 생각된다. 토막육 레벨에서의 진공포장, 또는 식품용 탈수 시트[제4장 3)을 참조]의 사용은 산소차단의 목적도 겸한다고 말할 수 있다.

* : 참치육의 퇴색은 상품가치를 현저하게 저하시키므로 저온보존은 빠뜨릴 수 없다. −40℃이하의 저장이 유효하다.

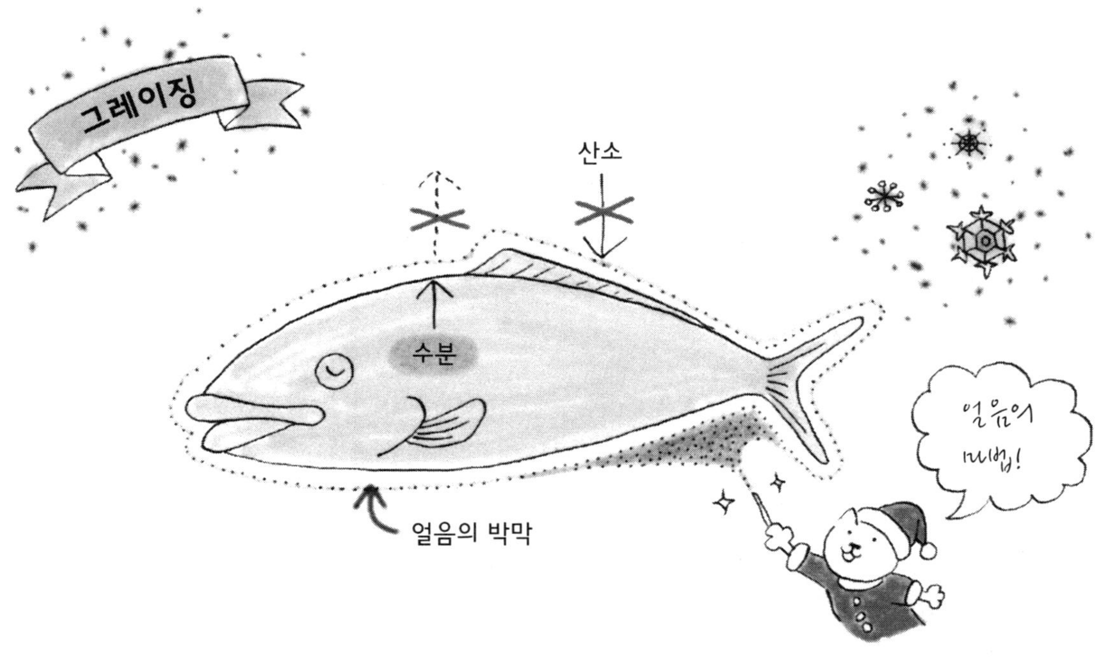
그레이징
산소
수분
얼음의 박막
얼음의
마법!

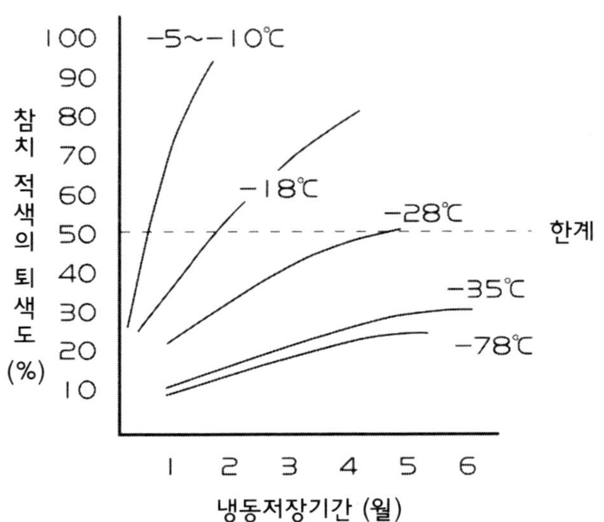
참치의 적색 퇴색과 저장온도와의 관계
참치 적색의 퇴색도 (%)
100
90
80
70
60
50
40
30
20
10
−5~−10℃
−18℃
−28℃
−35℃
−78℃
한계
1 2 3 4 5 6
냉동저장기간 (월)

4) 미생물의 증식시간(세대교체조건) ~pH, 온도, 수분-귀가하면 냉장고에~

장염 비브리오 식중독

최근, 노로바이러스*에 의한 식중독이 많아지고 있지만, 지금까지 식용 어패류에 의한 식중독의 90%는 장염 비브리오균에 의한 것이라고 알려져 왔다.

장염 비브리오균은 호염성의 해양세균으로 중온성으로, 저온에는 약해 5℃에서는 증식하지 못하고 점차 사멸한다. 본 균의 지적조건(온도 : 30~37℃, pH : 7.5~8.5, NaCl 농도 : 3~5%)에서 세대시간은 약 8분이라고 한다.

지금, 초기 발균수를 100개/어육 1g으로 하면,

「초기 - 100개」→「8분 후 - 200개」→「16분 후 - 400개」→「24분 후 - 800개」→「32분 후 - 1,600개」→「40분 후 - 3,200개」→「48분 후 - 6,400개」→「56분 후 - 12,800개」

가 되어, 12,800개/어육 1g은 128만개/어육 100g에 해당한다. 똑같이 생각하면, 2시간 후에는 327만개/어육 1g이 된다.

장염 비브리오균에 의한 식중독 발증균수는 100만개/어육 1g인 것을 생각하면, 1시간 후 상기 어육을 100g, 2시간 후에는 상기 어육을 1g 섭취한 것만으로 식중독에 걸릴 가능성을 나타내고 있다. 구입 후에는 신속히 저온에 보관하는 것은 물론이지만, 가게에서 자택까지도 저온으로 신속히 가져가는 것이 중요하다.

*** 노로 바이러스**

1972년에 미국의 초등학교에서 발생한 급성위장염 환자의 대변으로부터 발견되었다. 발생 원인은 노로바이러스에 오염된 패류(특히 생굴)를 충분히 가열하지 않고 먹은 것, 노로바이러스에 감염된 사람의 대변 또는 구토물이 주위의 물건에 접촉해 직 · 간접적으로 입에 들어가서 전염된다.

세균이 아주 좋아하는 온도

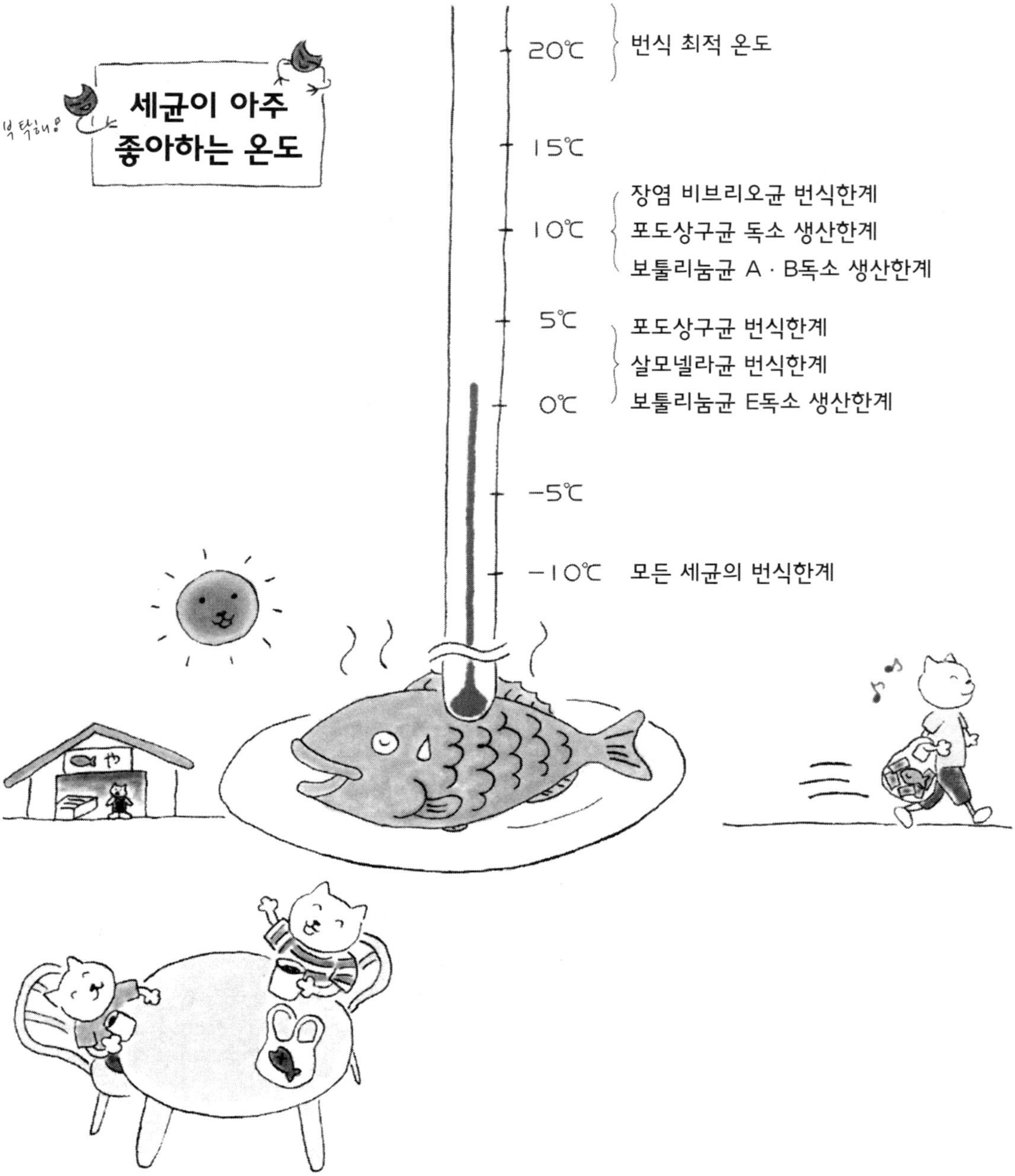

부탁해요

온도	
20℃	번식 최적 온도
15℃	
10℃	장염 비브리오균 번식한계 포도상구균 독소 생산한계 보툴리눔균 A · B독소 생산한계
5℃ ~ 0℃	포도상구균 번식한계 살모넬라균 번식한계 보툴리눔균 E독소 생산한계
−5℃	
−10℃	모든 세균의 번식한계

5) 해동, 동결을 반복하지 말 것, 드립이 나온 생선회는 사지 말 것

1. 드립에 대해서

동결된 생선을 해동했을 때 육질이 스펀지 상태가 되어 힘줄이 많고 퍼석퍼석 한 맛이 없는 상태가 되는 현상을 스펀지화라고 한다. 완만해동을 했을 때나 보관온도가 높은 경우 또는 생선의 선도가 나쁜 경우에 일어난다. 동결이나 해동을 반복하면 근육을 구성하고 있는 세포중의 얼음결정이 성장해, 이윽고 세포벽이 붕괴되어 세포질이 유실되어 드립이 된다. 그 얼음결정이 형성하고 있던 부분이 구멍이 되어 스펀지 모양을 나타낸다. 그것을 막는 방법으로서는, 저온으로 급속동결하여 세포질중의 얼음결정의 성장을 막는 것이나, 당류의 첨가에 의해 세포중의 물이 동결해도 얼음결정으로 성장하기 어렵게 한다. 일반적으로 백색육의 생선은 적색육의 생선보다 스펀지화하기 쉬운 경향이 있다. 냉장고로 천천히 시간을 들여 해동하면 세포가 붕괴하지 않고 드립의 유실을 방지할 수 있다. 드립중에는 단백질, 아미노산, 비타민류 등의 영양 성분이 많이 포함되어 있어 드립이 유출하면 맛을 잃게 된다. 가정용 냉동고에서 동결 · 해동의 반복은 얼음결정이 생기기 쉬워 세포벽을 파괴하게 되므로, 충분히 주의할 필요가 있다.

2. 냉장고에서의 완만해동

가정에서의 생선회나 초밥 재료는 냉장고에서의 해동이 유효하다. 시간은 걸리지만, 드립의 유실도 적고, 위생적으로 관리할 수 있다. 해동의 기준은 약 5~6시간, 손가락으로 눌러 들어갈 정도가 되면 조리할 수 있다. 해동에 시간이 걸리는게 결점이며 바쁜 경우에는 적당하지 않다.

3. 상온에서의 자연해동

온도가 낮은 장소에 그대로 두고, 자연스럽게 해동시키는 방법이다. 주의할 것은 포장한 채 또는 무명 등으로 싼 상태로 냉암소에 둔다. 그렇게 하지 않으면 표면만이 녹아 내부가 언 상태가 된다.

여름철은 빨리 해동이 진행되므로 주의할 필요가 있다. 또한, 미생물이 번식하기 쉽기 때문에 장시간의 방치에 주의할 것과, 품온이 10℃이하가 되도록 유의하는 것이 위생면으로도 중요하다.

4. 유수에서의 단시간 해동

조금 서둘러 조리할 때 편리한 해동 방법이다. 포장 또는 폴리에틸렌 봉지에 넣어 고무밴드로 물이 들어가지 않도록 졸라매고 물을 넣은 용기에 침지해서 해동한다. 어체 그대로 침지하거나 더운 물을 사용하면 육질이 불어 버리거나 표면이 가열변성하여 드립이 유실된다. 약 20분 정도가 해동의 기준이다.

5. 전자렌지에서의 급속해동

가장 단시간 해동은 전자렌지를 사용하는 방법이다. 기준은 100g에 30~40초 정도이지만, 처음은 짧게 할 것을 권한다. 매우 편리하지만 해동 얼룩짐이 생기는 것이 결점이고, 부분적으로 익을 우려도 있다. 그래서 생선의 방향을 바꿀 필요가 있다.

유수 해동

자연 해동

저온 해동

전자렌지 해동

어느 방법으로 해도
한번 해동하면
다시 동결은 하지 말아요!!

제 4 장 선도를 유지하는 방법

1) CTC 얼음과 선도

생선에는 생존시 또는 사후 어느 정도의 미생물이 부착하고 있는 것일까?

식품을 부패시키는 미생물을 부패미생물이라고 총칭하지만, 토양, 수생, 공중, 동물기생미생물 등으로 분류할 수 있다. 해양성 미생물은 물고기의 생존시, 물고기의 근육부에는 비집고 들어가지 않지만, 피부나 아가미, 장관에는 많이 존재해, 피부에 $10^{2\sim5}$개/g, 아가미에 $10^{3\sim7}$개/g, 장관에 $10^{3\sim8}$개/g 존재한다고 한다.

여름철에는 장염비브리오(호염성해양세균, 중온성, 세대시간 7~8분)에 의한 식중독이 다발하지만, 지금 간단하게 어체를 해체해, 내장을 손상시키거나 아가미를 손댄 손으로 생선회를 만들어, 근육부표면에 10^{2}개/g의 장염비브리오가 부착했다고 한다면, 세대시간 8분으로 1시간 후에는 10^{6}개/100g, 2시간 후에는 10^{6}개/g으로 급증한다. 덧붙여서 식중독을 일으키는 균수는 10^{6}개/g 근육이다. 이러한 일로부터 여름철의 연회에서 생선회가 나오면 맨 먼저 먹을 필요가 있다.

CTC(Chlor Tetra Cycline-항생 물질의 일종) 얼음은 이들 미생물의 증식을 억제하는 효과가 있다고 하여, 일시 CTC 함유얼음을 만들어 물-얼음, 빙장용으로 이용되었던 적이 있었지만, 항생물질이 어체에 잔류해 우리 체내로 이행되어 금지되었다.

그런데, 앞에서도 기술한 것처럼 미생물이 없다고 해도 선도가 좋다고는 말할 수 없다. 생선의 선도저하는 근육성분의 화학적변화(넓게는 자기소화)에 의해서도 일어나 화학적변화는 CTC에 따라 억제할 수 없다는 것을 이해해야만 한다.

세균 수
100개/g
2시간 경과
빨리 먹어 버리자!!
세균 수
1,000,000개/g!!

CTC
얼음
균이 없어서
쾌적
보통의
얼음
잡균도
많아~ 빨리
먹어!
균이 없어도
항생 물질이 체내에
남아버리는 거지요.
나는
이것을 먹겠습니다!

2) 완만동결과 급속동결

식품을 동결할 때에는, 조직중 얼음결정이 생기는 것에 주의하지 않으면 안 된다. 얼음결정은 동결속도나 동결온도에 좌우되므로, 아래의 최대 얼음결정 생성대나 급속동결이나 완만동결에 대해 잘 이해할 필요가 있다.

1. 최대 얼음결정 생성대

생선을 동결하기 위해 온도를 내리면, 어육 중의 수분이 얼어 얼음결정이 된다. 이렇게 수분의 대부분이 얼음으로 된 상태를 동결이라고 한다. 생선의 수분은 염류나 아미노산 등을 포함하고 있어 0℃이하가 되어도 얼지 않고 빙점강하가 보인다. 어패류의 동결점을 비교하면, 담수어는 −0.5℃, 회유성 해산어는 −1.5℃, 저서성 해산어나 해조류는 −2.0℃이다. −5℃가 되면 수분의 약 80%가 얼음결정이 되어, 염류나 단백질에 결합한 물을 완전히 동결하기 위해서는 −60℃이하가 필요하다. 생선이나 식품에서 대부분의 수분이 결정화하는 −1～−5℃ 사이가 최대 얼음결정 생성대로 불리고 있다.

2. 급속동결

최대 얼음결정 생성대를 통과하는 시간에 따라 급속동결인지 완만동결인지로 분류되고 있어 −40℃의 에어블래스트동결 등에서는 이 온도대를 30분～1시간 30분의 단시간에 통과할 수 있으므로 급속동결이라고 한다. 즉 급속히 동결하면 수분은 물에서 얼음으로 급변화하기 때문에, 다수의 작은 결정이 세포내에 생기므로, 세포를 파괴하지 않고 동결할 수 있다. 게다가 −80℃의 드라이아이스(탄산가스)나 −193℃의 액체질소 동결에서 이 온도대를 5～30분의 초특급으로 통과한다.

3. 완만동결

−10℃의 실내공기중에서 동결시키는 경우, 어체는 −1～−5℃ 사이를 약 8시간 걸려서 완만하게 통과하게 된다. 이와 같이, 완만하게 동결하면 얼음결정이 성장해 세포의 내외에 큰 얼음결정이 생겨 세포를 파괴한다. 급속동결의 얼음결정과 비교하면, 완만동결의 얼음결정은 약 100배 크게 성장하고 있다. 얼음결정에 의해 세포가 파괴되면, 해동시에 아미노산, 비타민류, 맛성분이나 영양성분이 함께 유출되어 버린다. 이 유출수분을 해동액(드립)이라고 한다. 이 드립이 많을수록 생선의 맛이 떨어져 혀로 느끼는 감촉도 나빠지므로 급속동결이 좋다.

4. 동결 방법

동결 방법은 ①공기식 동결법(정지식, 팬으로 냉기를 움직이는 에어블래스트), ②액체 침지식 동결법(염화나트륨액, 염화칼슘액), ③접촉식 동결법(컨택트 프리저), ④액화 가스식 동결법(탄산가스, 액체질소)으로 분류된다. IQF식 동결이란 1개 동결(I : 개체별, Q : 급속, F : 동결)을 의미해, 새우 등을 1 마리씩 급속동결하는 방법이다. 개별적으로 급속동결이 가능하다.

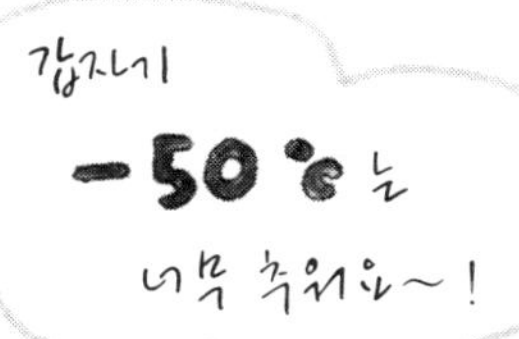

A 미동결

B 급속동결

C 완만동결

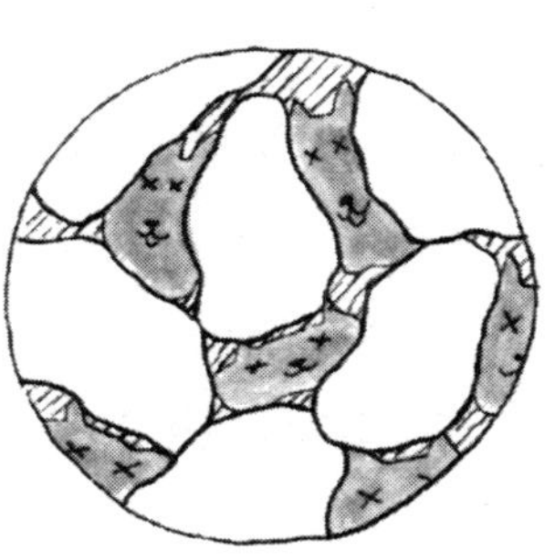

🐱는
생선의 근육 세포

급속동결에서는 근육세포안에 작은 결정을 많이 볼 수 있다.
한편, 해동 드립이 많아, 스펀지와 같은 식감이 되어 버리는
완만동결에서는 근육세포의 밖에 큰 얼음결정을 볼 수 있고
세포가 오그라든다.

3) 식품용 탈수시트

생선어는 선도저하가 현저한 식품의 대표적인 것이지만, 선도저하를 억제하거나 선도를 유지하는 방법으로서는 주로 ①냉장 · 냉동이라는 식품의 온도 제어, ②식품의 수분 제어, ③진공포장, 탈산소 등에 의한 환경 제어로 크게 3개로 나눌 수 있다. ②에 대해서는, 건조나 염장이라는 방법이 옛부터 잘 사용되어 왔지만, 가열에 의한 단백질의 변성이나 조직파괴, 소금 첨가에 의한 맛의 변화는 피하지 못하고, 생선식품이 본래 갖추고 있는 소재의 특성을 크게 해쳐서 선어의 보존에는 적합하지 않았다. 그래서, 선도저하의 원인이 되는 자유수를 탈수하는 식품용 탈수시트가 쇼와전공 주식회사에 의해 개발되어 쇼와전공 플라스틱 프로덕트 주식회사에서 판매되고 있다.

식품용 탈수시트는 우선적으로 물을 통하는 2장의 반투막과 고침투압물질(고침투압 식품)로 구성되어 있는 두께 0.1~0.5mm정도의 반투명 시트이다. 반투막으로서는 완전켄화된 PVA(폴리비닐알콜)를 제막한 것을 사용하고 있어, 식품용 용기포장의 규격(1982년, 후생성고시20호, 최종개정 1994년 후생성고시 18호)에 적합한 것을 이용하고 있다. 이 막은 구멍 지름 1.5nm정도의 미다공막으로, 물이나 수용성 물질과의 친화성도 강하다. 고침투압 물질은 주로 물엿(글루코오스, 후르크토스 등의 식용당류)의 수용액이며, 사용시 침투압은 10MPa를 넘는다.

식품용 탈수시트가 생선과 접촉하면 반투막을 통해서 시트안의 침투압이 높은 물엿으로 침투압이 낮은 소재(생선)측 수분이 투과이동해 유지된다. 게다가 이 반투막은 분자 또는 이온의 크기에 따라 통과정도가 다르다. 물질이 물과 함께 반투막을 통과할 때, 분자가 작은 물이나 암모니아, 일가 이온(K^+, $C1^-$, Na^+) 등은 비교적 투과하기 쉽고, 식품의 맛에 관계깊은 아미노산이나 핵산류는 분자량이 크기 때문에 투과되지 않는다. 또한, PVA막은 친수성막이어서 지질은 특히 투과되기 어렵다. 이 막의 특징 때문에 식품용 탈수시트에 식품을 싸는 것으로 맛성분의 농축에 의한 감칠맛이나 풍미의 향상, 악취(암모니아취)의 저감을 기대할 수 있다. 식품용 탈수시트는 고온으로 보관하거나 자외선이 닿으면 시트내의 물엿이 캬라멜화해, 다갈색으로 변색하기도 하지만 실용상 문제는 없다. 덧붙여 탈수에 영향을 미치는 조건은, 대상의 크기(표면적), 탈수온도, 대상식품의 성분이나 조직에 따라 다르므로, 각각 탈수조건을 결정할 필요가 있다.

다양한 선어에 이용되어 왔지만, 특히, 참치, 연어 등 적색계통의 색을 강조해 식욕을 돋우고, 정어리, 전갱이 등 살이 부드러운 것은 살을 긴축시키고, 가리비나 대구 등 함수율이 높은 것은 드립감소 등의 효과가 크다. 정어리, 전갱이에 대해서는, 지질산화를 억제하는 효과가 실증되고 있다. 또한, 선도저하가 빠르다는 고등어와 정어리에 본시트를 적용하면, 선도지표 K값과 휘발성 염기질소(VBN)의 상승이 억제되어 선도를 유지하는 효과가 있다. 조미 · 저림 용도, 건어물 용도도 있다. 특히, 식품용 탈수시트를 이용한 건어물 제조법은 햇볕에 말린 것이나 기계건조법과 비교해 과산화지질이 발생하지 않고, 염분에 의존하지 않고 건조할 수 있기 때문에, 건강에 좋은 건어물의 제조법으로서 주목받고 있다.

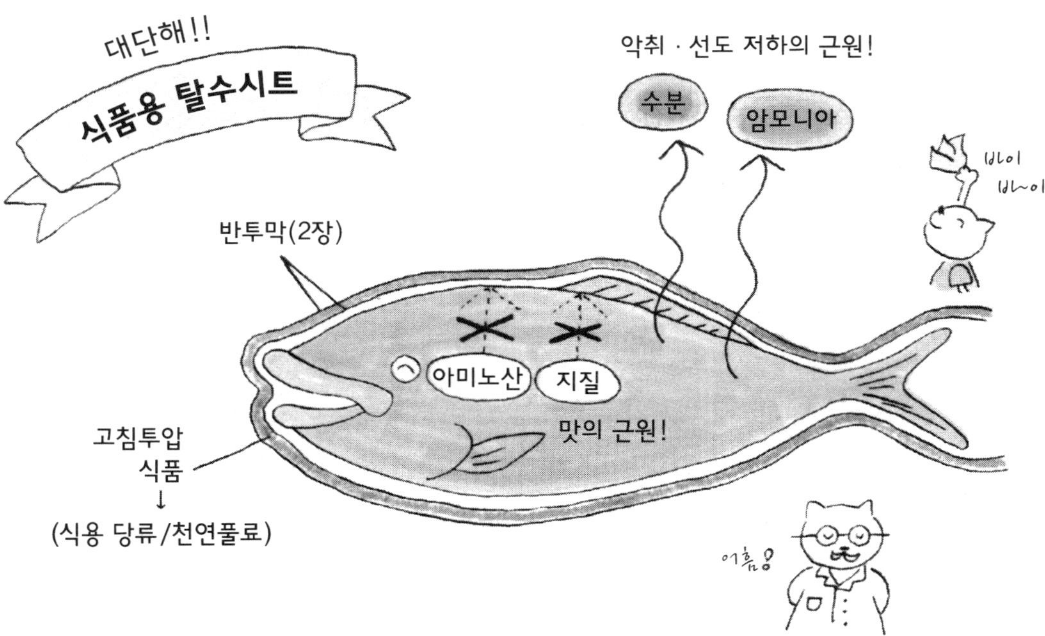
대단해!!
식품용 탈수시트
악취 · 선도 저하의 근원!
수분
암모니아
바이
바~이
반투막(2장)
아미노산
지질
맛의 근원!
고침투압
식품
↓
(식용 당류/천연풀료)
이흠?

ピチット
おいしくなって長くもつ
大
12

ピチット
おいしくなって長くもつ
小
20

つつむだけで
おいしくなる
ピチット
小

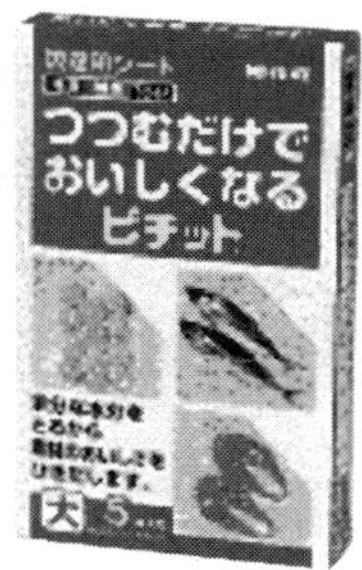
つつむだけで
おいしくなる
ピチット
大

ピチット
レギュラー
32
脱水シート

ピチット
マイルド
30
脱水シート

4) 부분냉동

어패류의 저온저장은 이용온도에 따라 여러가지로 분류된다. 일반적으로 10℃부터 -2~-3℃까지의 온도대에서 미동결상태로 저장하는 것을 냉장이라고 하고, 품온이 동결점보다 높고 비교적 단시간 저장이다. 냉장은 저장목적, 기간, 저장후의 이용방법 등을 고려해 빙장저장, 부분냉동, 냉동저장으로 분류된다. 빙장에는 파빙을 직접 접촉시키는 쇄빙법과 담수 또는 해수에 얼음을 더해 0℃부근으로 유지해 어체를 침지해 냉각하는 수빙법이 있다.

부분냉동은 동결점 부근의 극히 한정된 온도범위에서 냉장하는 방법이며, 세포중의 물이 동결하기 시작하는 -1.5~-3℃부근을 유지하는 저장방법이다. 이 온도대는 최대 얼음결정 생성대라 하고, 일반적으로는 완만동결이 되어 얼음결정의 성장과 함께 세포가 파괴되어 여기에 장기보존하면 저장 중 얼음결정이 성장해, 해동후에 드립유출을 일으켜 품질열화가 생긴다. 그러나, 부분냉동은 동결점 직전의 온도역에 놓고, 얼음의 생성에 따라 조직의 파괴를 미연에 방지하면서, 일부 물이 동결하는 정도로 조정하는 것에 의해 저장효과가 향상해, 통상의 동결저장에 비해 근원섬유단백질의 변성이 적은 이점이 있다. 모두 어패류를 단기저장하는 방법이다.

부분냉동 저장의 미생물에 대한 증식제어효과는 빙장(0℃)저장보다 우수하다. 이것은 동결저장의 경우와 같이 동결에 약한 Pseudomonas III/IV, Vibrio 등이 대부분 사멸하기 때문이다. 하지만 내동성이 있는 Pseudomonas I/II나 특이인 균상이 우세가 된다. 생균수는 저장초기에 일단 감소하지만, 그 후 점차 증가해 이윽고 초기부패에 이른다. 부분냉동의 온도대는 얼음결정이 생기기 쉬운 결점이 있지만, 빙장에 비해 1~2주 전후로 길게 저장이 가능한 방법이다. 부분냉동 저장은 온도범위가 한정되어 있으므로 엄밀한 관리가 요구된다.

저장온도별 생균수의 변화

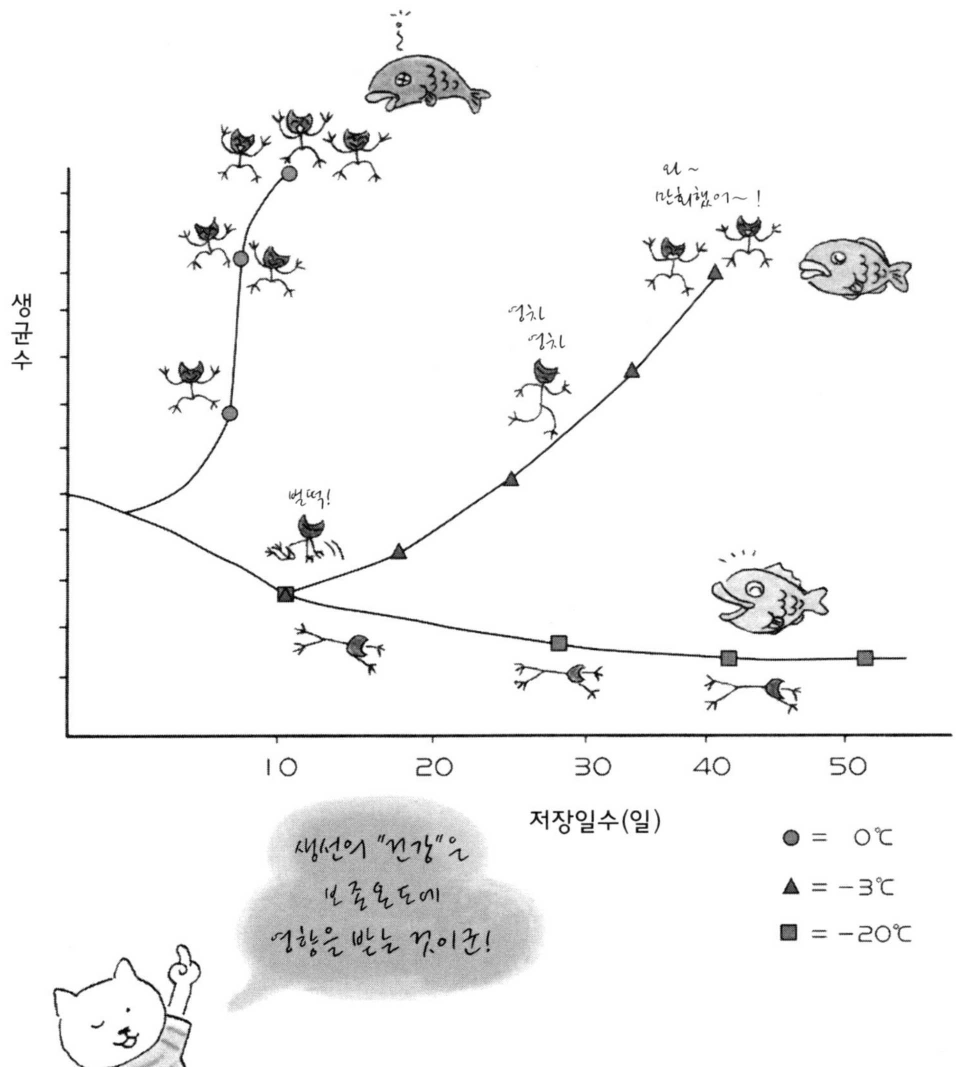

제 5 장 선도를 측정한다 (선도의 수치화)

1) K값

어패류의 과학적인 선도판정법으로 많은 방법이 있지만, 생선의 신선도를 나타내는 초기선도판정에는 K값이 일반적으로 넓게 사용되고 있다.

생선의 근육안에는 에너지원으로서 아데노신삼인산(ATP)이 존재하고 있다. 생선의 사후, 이 물질은 근육중의 효소작용에 의해 급속히 감소해, 아데노신이인산(ADP), 아데노신일인산(AMP)을 거치고, 맛성분인 이노신산(IMP)을 생성해, 한층 더 분해가 진행되어 이노신(HxR)이나 히포키산틴(Hx)을 축적해 간다. 선도가 좋은 생선에서는 ATP, ADP, AMP, IMP가 많지만, 선도가 나빠짐에 따라, HxR, Hx가 증가해 간다. 1959년, 홋카이도대학 명예교수인 斉藤恒行이 (1)식에서 나타낸 ATP 관련화합물의 총량에 차지하는 이노신과 히포키산틴의 총량을 백분율로 나타내, 이것을 K값이라고 명명했다. 현재, 어류의 선도, 즉 생선어의 초기선도를 나타내는 지표로서 넓게 이용되고 있다. 이 수치는 작을수록 선도가 좋고, 생선회로 식용 가능여부, 이른바 선도를 관능적으로 평가한 결과와 잘 일치한다. 이 K값은 즉살어 10%이하, 생선회의 기준으로서 20%전후, 초기부패로서 60%정도의 수치를 나타내, 그림에 나타낸 것처럼 선도저하속도는 어종에 따라 다르다. 일반적으로 대구류에서는 빠르고, 돔이나 넙치의 흰살 생선에서는 늦다.

K값(%) = [HxR + Hx] / [ATP + ADP + AMP + IMP + HxR + Hx] × 100 … (1)

K값의 측정에는 액체크로마토그래피에 더해 효소와 산소전극에 의한 방법, 바이오센서법, 선도시험지 등 많은 방법이 있다. K값은 다른 화학적 선도지표인 휘발성염기질소(VBN)나 트리메틸아민(TMA) 등에서는 판별할 수 없는 품질의 상위를 명료하게 판별할 수 있다.

대구류, 가다랑어류, 돔류 및 갑각류의 빙장중의 K값 변화

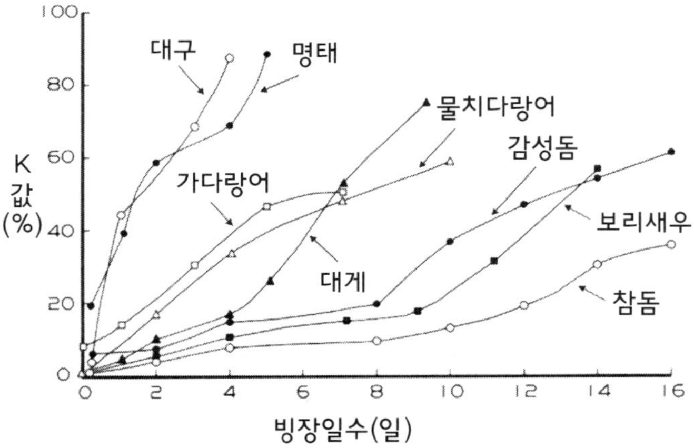

K값 (%)
100
80
60
40
20
0

대구
명태
물치다랑어
감성돔
가다랑어
보리새우
대게
참돔

0 2 4 6 8 10 12 14 16
빙장일수(일)

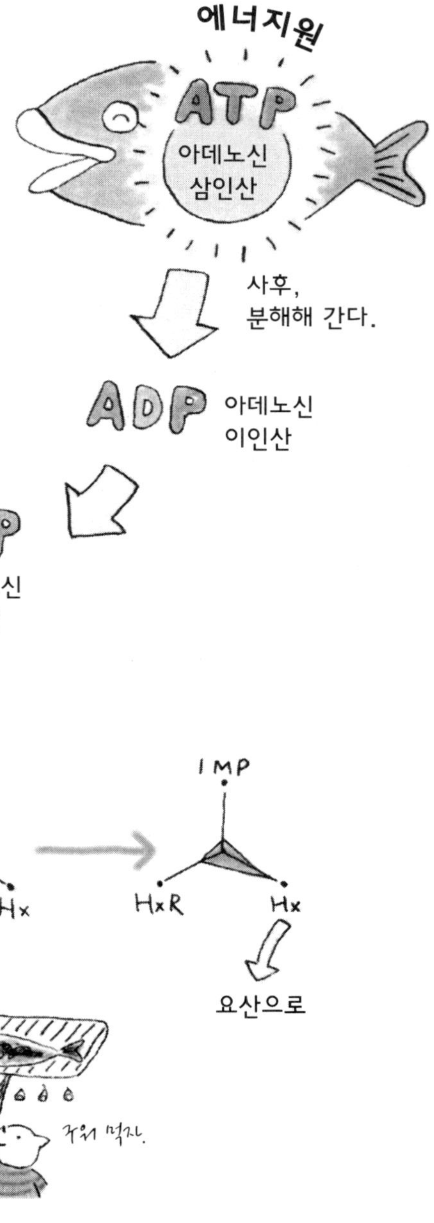

에너지원
ATP
아데노신
삼인산

사후,
분해해 간다.

ADP
아데노신
이인산

AMP
아데노신
일인산

IMP
이노신산

한층 더 분해

HxR
이노신

Hx
히포키산틴

IMP
HxR
Hx

IMP
HxR
Hx

IMP
HxR
Hx

요산으로

신선해서
맛있다~!

구워 먹자.

1) -1 바이오 · 후레쉬법

핵산관련화합물의 총량에 대한 이노신과 히포키산틴의 비율이 선도와 좋은 상관을 나타내서 이 비율을 K값이라고 불러, 어육의 선도를 나타내는 지표가 되고 있다. 또한, ATP, ADP, AMP는 극히 단시간내에 IMP로 이행하는 것으로부터

K값(%) = [HxR + Hx] / [ATP + ADP + AMP + IMP + HxR + Hx] × 100 … (1)

Ki값(%) = [HxR + Hx] / [IMP + HxR + Hx] × 100 …………………………… (2)

(1)식과 (2)식의 결과에 큰 차이가 없다. (2)식에서 나타내진 것을 Ki값이라고 한다. 이 Ki값을 연속 계측할 수 있는 선도계측용 효소센서 바이오 · 후레쉬가 토카세이키 주식회사에서 개발되고 있다. 이 선도센서에는 2종류의 고정화효소컬럼과 2세트의 산소전극을 사용하고, (2)식의 Ki값을 계측한다. 제1컬럼에 2종류의 효소를 고정화(뉴크레오시드포스포리라제, 키산틴옥시다제)하고, 이노신과 히포키산틴총량을 계측하는 한편, 제2의 컬럼에는 상기 효소에 알카리포스파타제를 고정화해 이노신산, 이노신, 히포키산틴 총량을 계측하고 있다. 고정화효소는 냉장보존으로 3개월 정도의 수명이 있어, 100 검체이상 안정적으로 계측할 수 있다. 선도의 측정은 새끼손가락 크기의 고기토막을 가열처리해, 압착해 육즙을 얻어(전처리 3분), 이것을 선도계측용센서에 주입(20ml)하는 방법으로 간단하게 수치화할 수 있다. 분석시간은 3분 정도이며 연속적으로 계측할 수 있다. 이 바이오 · 후레쉬와 액체크로마토그래피법과의 상관은, 상관계수 0.99로 양호하다. 또한, K값을 계측하는 고정화효소컬럼도 주문생산하고 있다. 슈퍼 등 양판점에서는 점포에서의 온도관리나 배송관리 등 가공센터에서 점포에 이르기까지의 경시적 선도변화를 조사해 매뉴얼화하여, 승낙기준의 참고나 공정의 개선에 본 기기를 이용하고 있다.

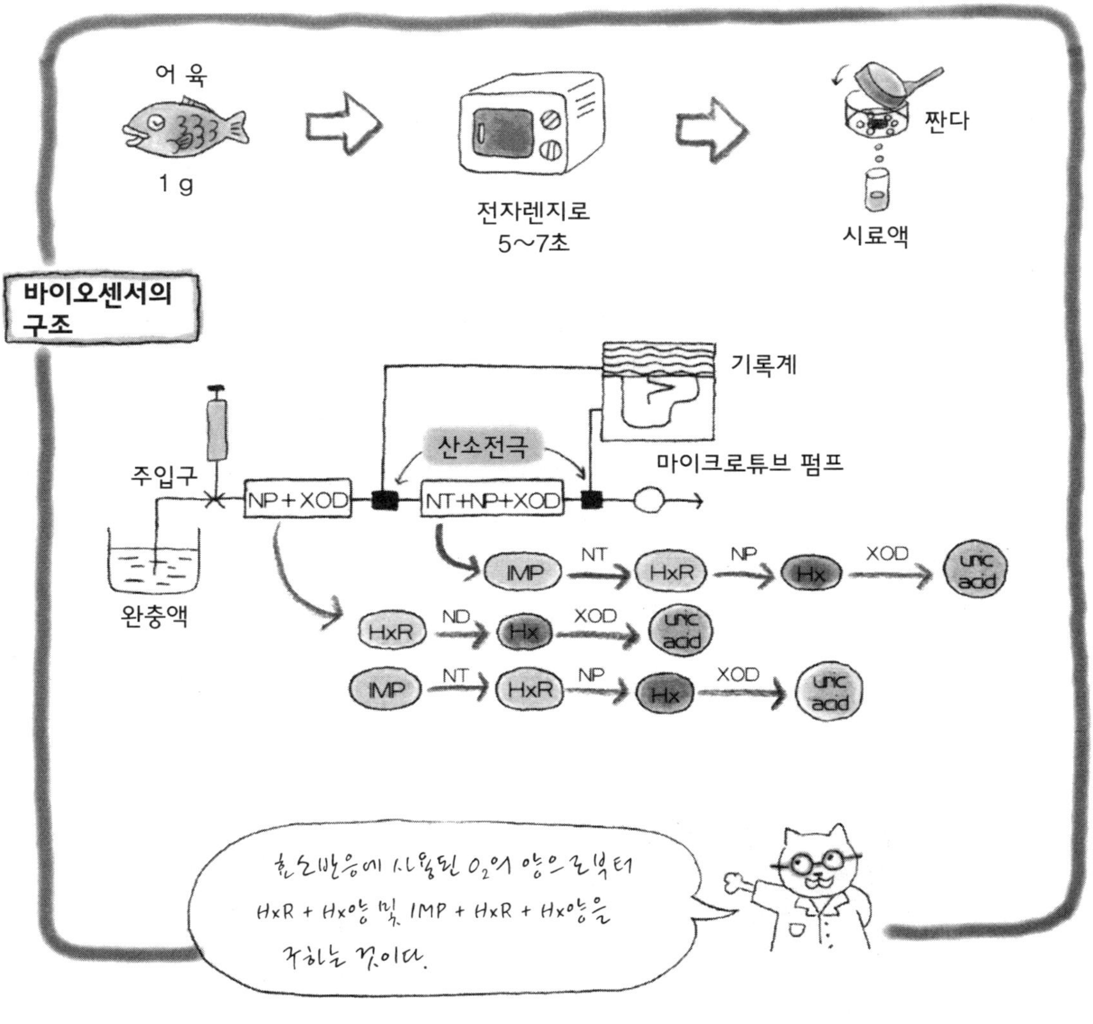

어 육

1 g

전자렌지로
5～7초

짠다

시료액

바이오센서의 구조

기록계

산소전극

마이크로튜브 펌프

주입구

NP+XOD

NT+NP+XOD

완충액

IMP →(NT) HxR →(NP) Hx →(XOD) uric acid

HxR →(NP) Hx →(XOD) uric acid

IMP →(NT) HxR →(NP) Hx →(XOD) uric acid

효소반응에 사용된 O_2의 양으로부터 HxR + Hx양 및 IMP + HxR + Hx양을 구하는 것이다.

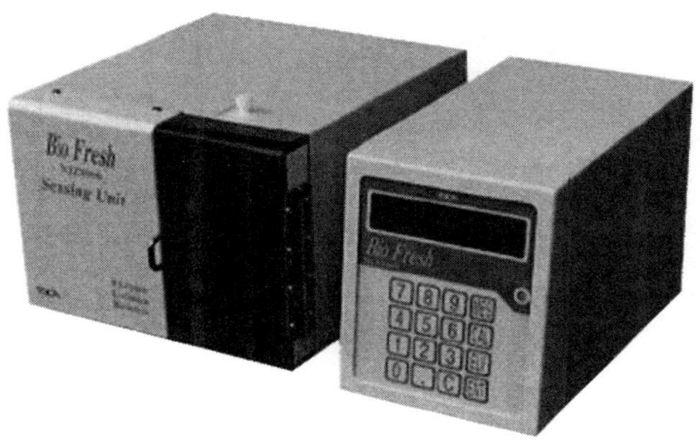

선도계측용 효소센서 「바이오 · 후레쉬」
(사진제공 (주)토카세이키)

1) -2 선도시험지법

선도(K값) 측정이 간편한 방법으로서는 아즈막스 주식회사에서 선도 시험지III(FTP-III)가 판매되고 있었다. 하지만, 현재 제조중지가 되었다. 이 방법은 효소와 산화환원색소를 여과지와 같은 시험편에 흡착 · 건조시켜 K값 환산색표를 사용해 색변화로부터 K값을 읽어 내는 것으로 특별한 측정기를 이용하지 않는다. 측정은 생선의 등근육 0.2~0.5g을 시험관에 채취해, 시약 용액 FIII를 약 5ml 가해 균질기로 분쇄해 시료액을 조제한다. 또한, 간이적인 시료조제방법으로서는, 고기토막을 비닐봉투에 넣어 여기에 시약용액을 가해 손으로 비벼 조제한다. 이 시료액을 선도시험지에 스며들게 해 랩 등으로 시험지를 가려 실온에서 약 10분간 방치한다. 시험지는 단책상의 플라스틱 필름상에 A, B, 2종류의 시험지가 접착되어 있어, A의 정색에 따라 이노신(HxR)과 히포키산틴(Hx) 총량이 측정되어 B의 정색에 따라 아데노신일인산(AMP)과 이노신산(IMP) 총량이 측정된다. K값 산출식의 HxR + Hx와 AMP + IMP의 양을 각각 측정해, 색표로부터 K값을 구한다. 측정에는 15분 정도가 소요되지만, 기기를 사용하지 않기 때문에 현장에서 간단히 선도계측을 할 수 있다.

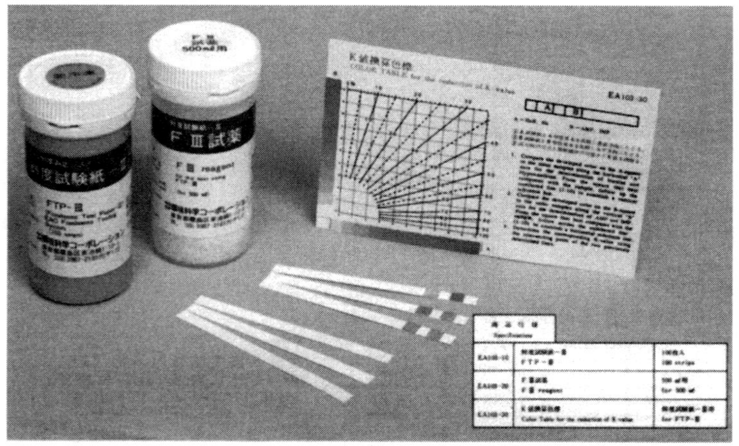

선도시험지 FIII

선도시험지의 사용방법

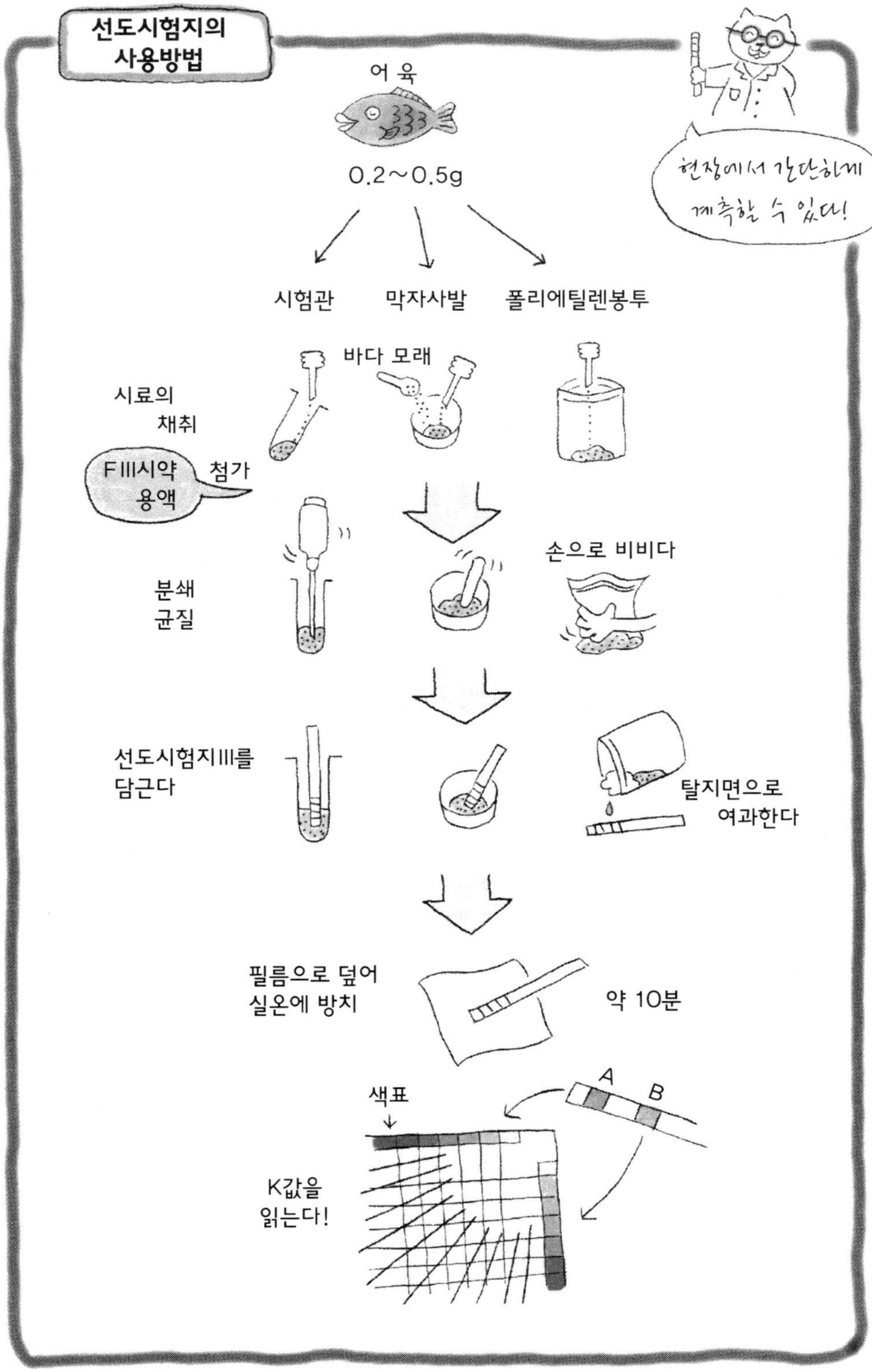

어 육
0.2～0.5g
현장에서 간단하게 계측할 수 있다!
시험관
막자사발
폴리에틸렌봉투
바다 모래
시료의 채취
FIII시약 용액
첨가
분쇄 균질
손으로 비비다
선도시험지III를 담근다
탈지면으로 여과한다
필름으로 덮어 실온에 방치
약 10분
A
B
색표
K값을 읽는다!

1) -3 효소와 산소전극에 의한 방법

K값 계측용 선도센서가 센츄럴과학 주식회사에서 판매(선도계 KV-202)되고 있다. 이 센서는 효소주입형의 배지타입이다. 시료의 조제법은, 트리클로로초산(TCA)추출법과 열추출법이 있다. TCA추출법은 어육 1~2g를 채취해 이것에 10%TCA를 첨가해 막자사발이나 바이오믹서로 균질한다. 이것을 원심분리(6,000rpm) 또는 여과해, 얻어진 상등액을 10M 수산화칼륨으로 중화한다.

한편, 열추출법은 어육에 중성인산완충액을 가해 중탕 또는 전자렌지로 가열해 열추출하여 여과 후 시료액으로 한다. 이 액(20μl)을 공기포화완충용액으로 수봉된 반응셀(용량 약1ml)에 주입해, 여기에 소정의 효소시약(알카리포스파타제, 아데노신디아미나제, 뉴클레옥시드포스포리라제, 키산틴옥시다제)을 가해 효소반응에 의한 산소소비량으로부터 K값을 산출한다. 반응셀에는 대기중으로부터의 산소용해를 피하기 위해, 반응셀 캡에는 가능한 한 가는 시료주입공을 마련하는 배려가 베풀어지고 있다. 또한, 반응셀 주변에는 쟈켓을 마련해 37℃의 항온수를 순환시켜 효소반응의 조건을 일정하게 유지한다.

분석시간은 5~6분 정도로 세정 등을 포함하면 10분 간격정도로 K값 측정을 실시할 수 있다. 효소는 일회용이 된다. 또한, 본 기기는 측정용 효소를 바꿈으로서 메뉴얼 조작으로 이노신산, 글루코스, 알코올, 글루타민산, 비타민C 등의 성분농도를 측정할 수 있다.

선도계(KV-202) (사진제공 센츄럴과학 주식회사)

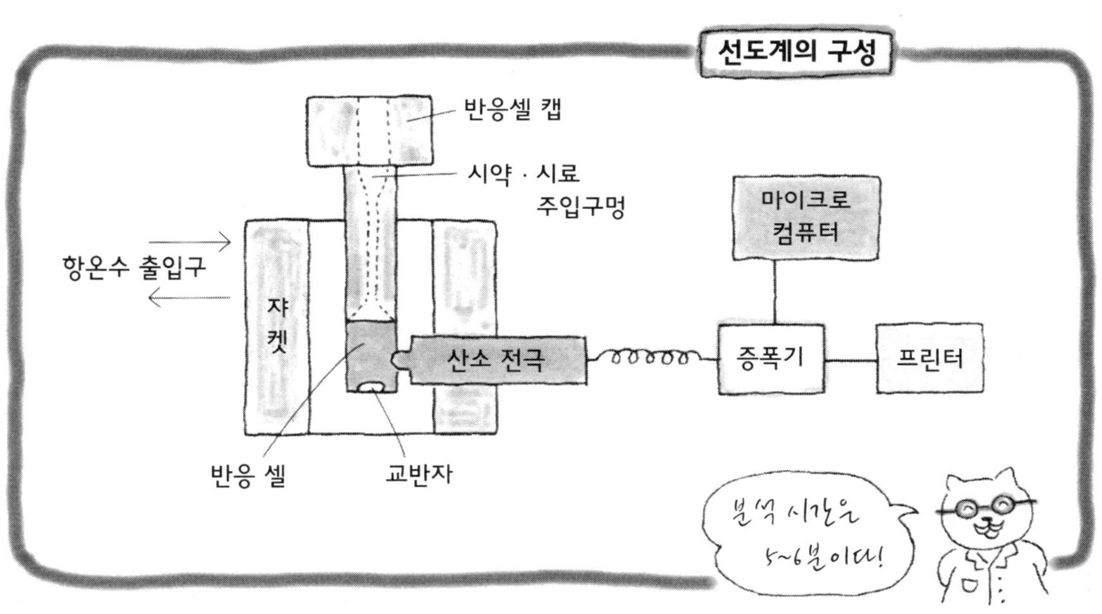

1) -4 HPLC법

생선의 선도를 나타내는 초기선도판정에는 K값이 널리 사용되고 있다. K값의 정의는 제5장 1)에서 나타냈지만, 이 K값을 측정하려면 앞에서 기술한 효소센서법, 효소와 산소전극에 의한 방법, 선도시험지, 액체크로마토그래피(HPLC)법이 있다. 여기에서는 HPLC법으로의 K값 계측에 대해 설명한다.

시료의 조제방법은 어육 1g에 10%과염소산(PCA) 2ml를 가해 냉각하면서 균질한다. 그 후, 원심분리(4℃, 4,500rpm, 10분)를 실시해 상등액을 취하고 한번 더 침전물에 5%과염소산을 가해 다시 원심분리를 실시한다. 이 조작을 2회 반복한 후 얻어진 상등액을 합해 10M 및 1M의 수산화칼륨을 이용해 중화한다. 중화할 때 생성한 과염소산칼륨의 결정을 분리하기 위해 다시 원심분리를 실시한다. 그 후, 상등액을 취해 정제수로 10ml 메스업 해 HPLC로 분석할 때까지 냉동보존한다.

《HPLC 조건》 샘플 조제법 : 과염소산추출법

· 컬　럼 : Shodex Asahipak GS-320 HQ
이동상 : 200mM 인산나트륨(pH3.0)
유　속 : 0.6 mL/min
검출기 : UV(260nm)
컬럼온도 : 30℃

· 컬　럼 : STR ODS-II
이동상 : A: 100mM 인산(트리에틸암모늄) 완충액(pH6.8)
: B: 아세트니트릴
A/B=100/1(v/v)
유　속 : 1.0 mL/min
검출기 : UV(260nm)
컬럼온도 : 40℃

· 컬　럼 : CAPCELL PAK C18
이동상 : 22mM 2-디에틸아미노에탄올 함유 20mM인산수용액(pH6.5)
유　속 : 1.0mL/min
검출기 : UV(250nm)
컬럼온도 : 45℃

HPLC의 샘플조제방법

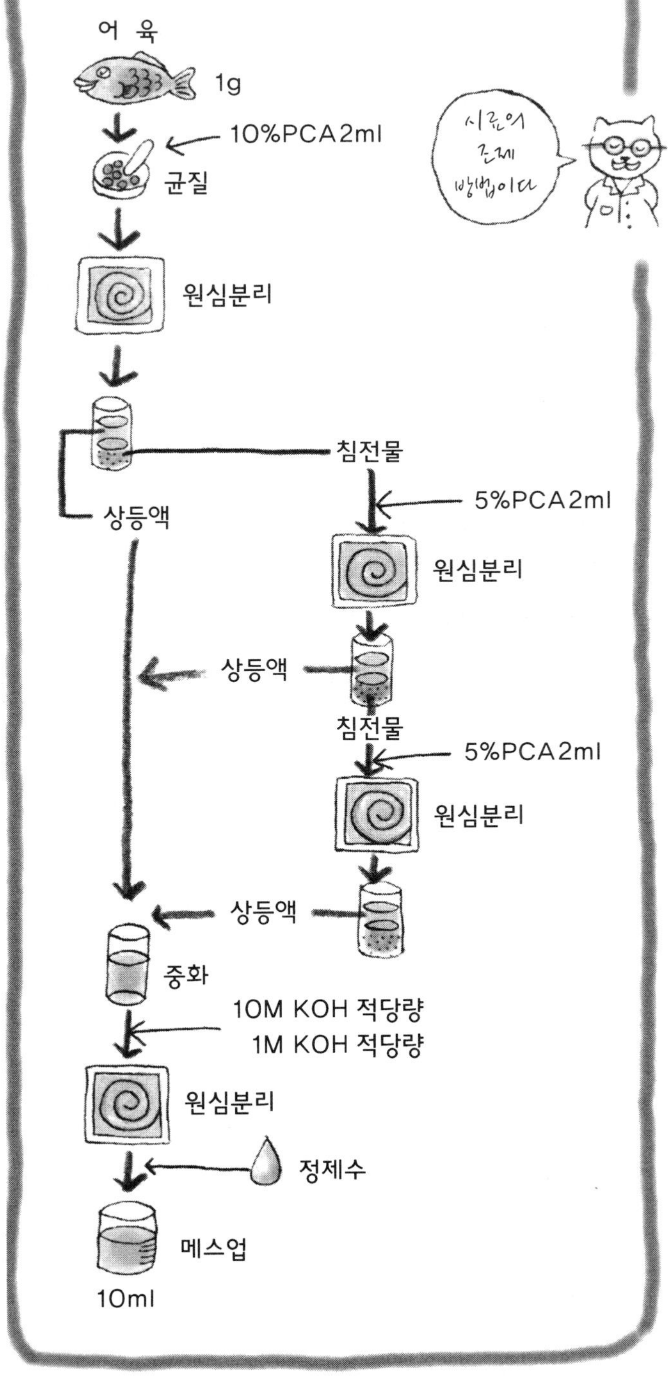

어 육

1g

10%PCA2ml

균질

원심분리

침전물

5%PCA2ml

상등액

원심분리

상등액

침전물

5%PCA2ml

원심분리

상등액

중화

10M KOH 적당량

1M KOH 적당량

원심분리

정제수

메스업

10ml

시료의
조제
방법이다

시마즈제작소 제품 HPLC (LC-2010HT)

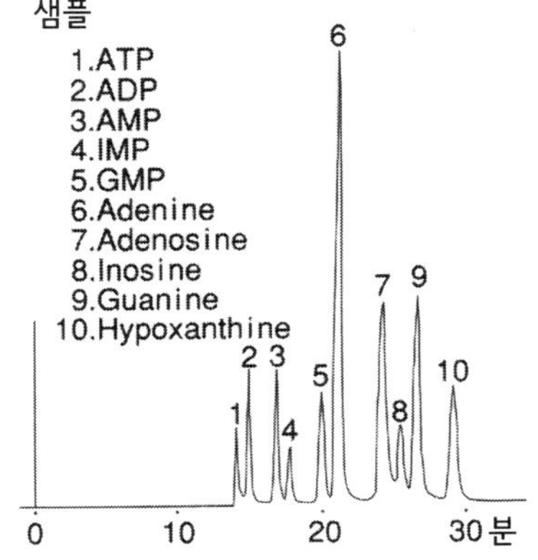

2) ATPase 활성측정에 의한 품질평가

근육구성단백질인 미오신 및 액틴은 근육수축에 관여하는 주요 단백질이며, 극히 특이적으로 ATP와의 상호작용을 나타내는 것이 옛부터 알려져 있다. 어육 단백질인 미오신은 어육제품의 품질을 좌우하는 중요한 단백질이므로, 이 미오신의 성질을 평가하는 것에 의해 육질의 품질을 직접 평가할 수 있다.

미오신 머리부분에 존재하는 효소 ATPase는 ATP(에너지물질) 말단의 인산기를 절단해 ADP와 무기인산과 H^+(수소이온)를 생성한다. 이것을 ATPase 활성이라고 하여 미오신이 변성하면 ATPase 활성도 저하하기 때문에, 이 활성의 높낮이를 조사함으로서 미오신의 품질에 관여하는 지표가 된다.

또한, 미오신은 어묵의 겔형성에도 중요한 역할을 하고 있다. 원료인 냉동육중의 미오신에 유래하는 수축능과 겔형성능과의 사이에는 강한 상관관계가 있어서 ATPase 활성을 측정해 미오신 상태를 파악할 수 있어 냉동육의 품질판정에 유효한 지표로서 이용되고 있다.

ATPase 활성의 측정방법에는 생성한 무기인산을 비색정량하는 방법과 H^+의 생성이 pH를 저하시키는 현상을 pH스타트법으로 정량하는 방법이 있다. 인산정량법은 측정시료의 조제나 ATPase 활성을 측정하는 조작이 복잡하고 좋은 측정결과를 얻기 위해서는 숙련이 필요하다. 또한 측정시간도 길어 실용성에 단점이 있다. 그래서 ATPase 활성을 산업계에서 응용하기 위해서 pH스타트법을 이용해 냉동육의 품질(ATPase 활성)을 측정해 정도를 유지하면서 간편히 단시간에 측정하는 방법이 확립되었다.

냉동육을 균질한 시료조제에 의해 ATPase 활성의 측정이 가능해져 ATPase 전활성과 어묵 겔형성능과의 사이에 좋은 상관이 성립되었다.

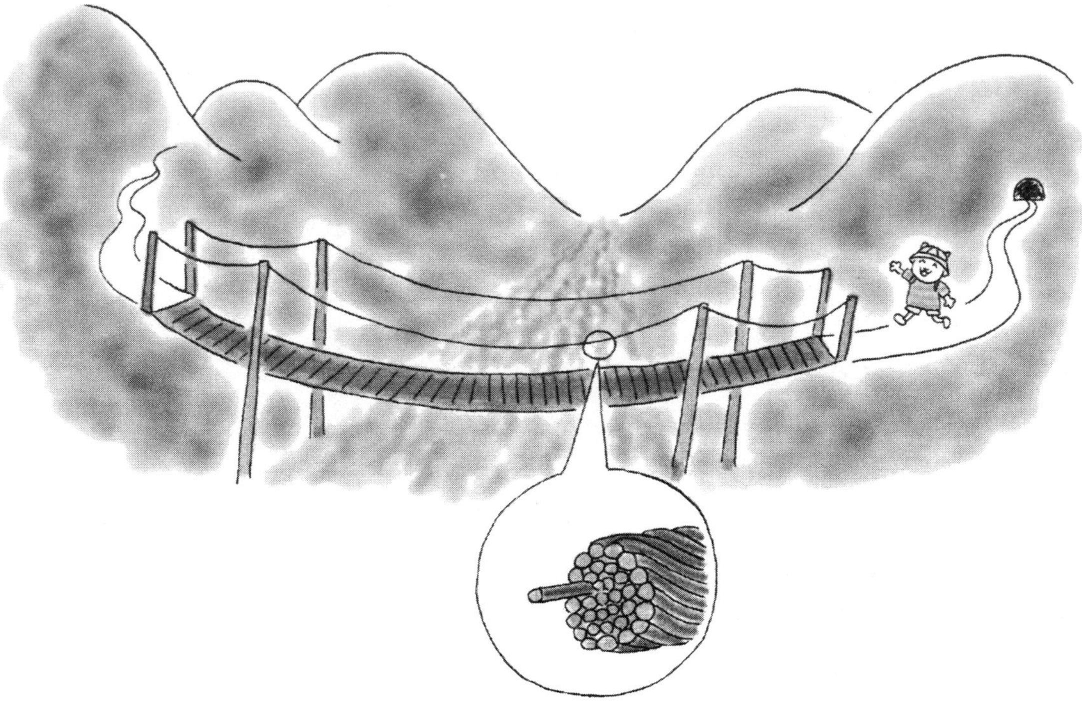

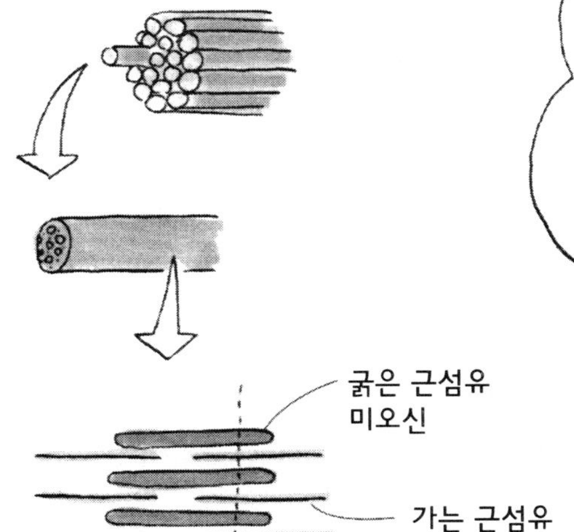

근육은
현수교를 지탱하는
와이어를 닮아 있구나!

미오신과 액틴이라고 하는
가는 와이어가 다수 묶여져
근육이 되고 있어!

굵은 근섬유
미오신

가는 근섬유
액틴

단면도

3) 휘발성염기질소 (VBN), 트리메틸아민 (TMA), 트리메틸아민옥시드 (TMAO)

어획직후의 어류는 거의 무취이지만 선도저하에 따라 물고기 특유의 비릿내 또는 부패취가 발생한다. 이것은 주로 저장중에 증식하는 미생물의 작용에 의해 일어나는 것으로, 어육중의 단백질이나 유리아미노산이 세균이 만들어 낸 효소에 의해 탈탄산반응이나 탈아미노반응을 일으켜 암모니아나 아민류를 생성하는 것에 의한다. 이것들은 총칭해 휘발성염기질소(VBN)로 불려 상당히 신선한 어육에서 5~10mg/100g, 보통의 어육에서 15~20mg/100g, 초기 부패어육에서 25~30mg/100g정도 함유하고 있다. 다량의 요소를 갖는 상어나 가오리 등은 암모니아를 발생하기 쉽고, 이들 어종에서는 VBN으로 선도를 계측할 수 없다. 한편, 어패류의 주요 엑기스성분인 트리메틸아민옥시드(TMAO)는 세균이 가지는 TMAO 환원효소에 의해 트리메틸아민(TMA)으로 변화한다. TMA는 신선한 어육중에는 거의 존재하지 않고 선도저하에 따라 발생하는 부패취의 주요성분으로, 세균에 의한 초기부패를 검출하는데 적합하다. 가열된 육에서는 TMAO가 분해되어 TMA로 변화하기때문에 선도판정에 주의를 필요로 한다. 생선살의 검붉은 부분, 대구 등에서는 효소작용에 의해 TMAO가 디메틸아민으로 분해되기때문에 보정이 필요하다. 또한, 담수어에서는 TMAO가 존재하지 않기 때문에 TMA로 초기부패를 검출할 수 없다.

부패의 기준으로서 청어에서 7mg/100g, 참치에서 1.5~2mg/100g, 가리비에서 3.5~4.5mg/100g이 된다. TMA는 암모니아에 비해 냄새최소치가 낮기 때문에, 일반의 어류에서는 선도저하시 암모니아보다 TMA의 냄새를 강하게 느낀다.

VBN, TMA의 측정에는 컨웨이의 미량확산법이 사용되지만, TMA를 간편히 측정하는 바이오센서도 보고되고 있다.

VBN와 선도와의 관계

VBN(mg/100g)	선도
<10	극히 신선
10~20	신선
20~25	약간 선도저하
25~30	초기 부패
>30	부패

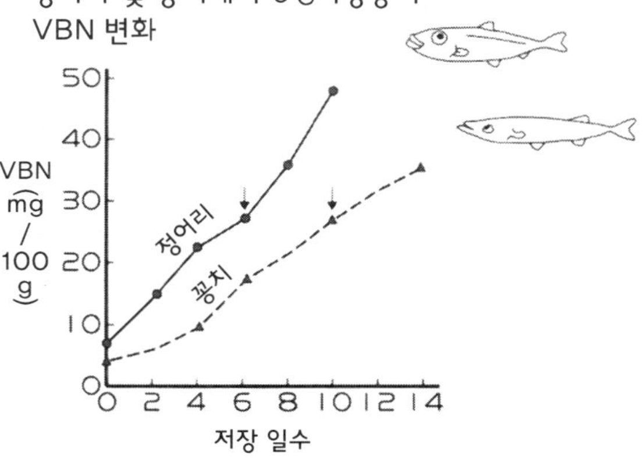

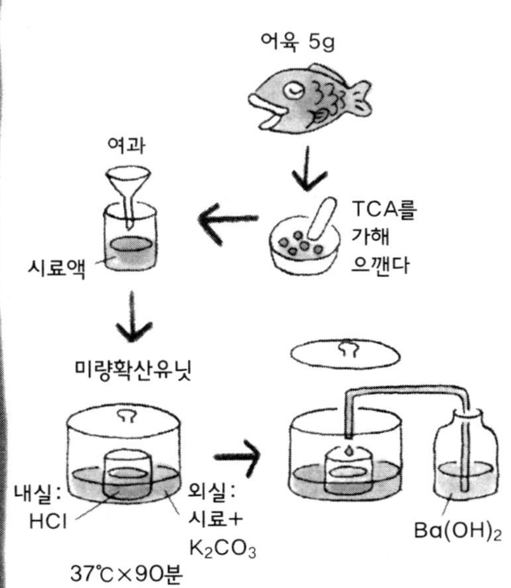

유닛의 외실에 시료 및 K_2CO_3를 넣고 내실에는 HCl을 넣어 밀봉해 37℃에서 90분 방치한다. 기화한 VBN은 내실에서 HCl과 반응한다. 미반응 HCl을 $Ba(OH)_2$로 적정하여 VBN을 산출한다.

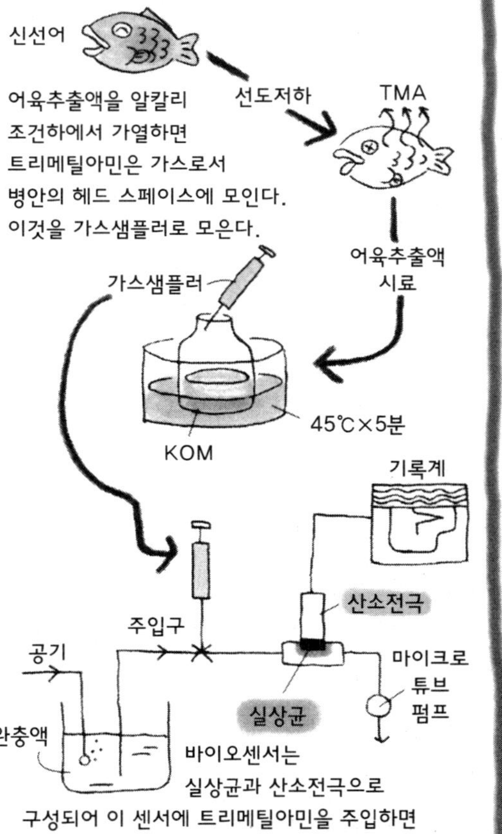

바이오센서는 실상균과 산소전극으로 구성되어 이 센서에 트리메틸아민을 주입하면 실상균이 이것을 자화해, 그 때의 호흡활성을 산소전극으로 측정한다. 호흡활성과 트리메틸아민 양이 비례하는 것으로부터 TMA양을 구한다.

4) 육색과 선도

어류는 그 육색에 따라 흰살 생선과 붉은살 생선으로 구별되어 돔, 넙치, 가자미 등은 흰살 생선, 참치, 가다랑어, 고등어는 붉은살 생선이라고 한다. 흰살 생선의 근육에는 적색의 색소가 거의 없기때문에 선도저하에 의한 육색변화가 보이지 않지만, 붉은살 생선에서는 선도가 저하하면 선홍색 육색이 갈색으로 변화한다. 이 현상을 메트화율로서 붉은살 생선(참치, 가다랑어)에 있어서 육색으로의 선도평가 지표로 하고 있다.

1. 색소단백질

붉은살 생선은 미오글로빈이라는 색소단백질이 근육중에 다량으로 존재하고 있기 때문에 선홍색을 나타낸다. 이 미오글로빈의 기능은 혈액중의 헤모글로빈과 같은 역할을 담당하고 있어 세포호흡으로 필요한 산소를 운반, 저장하기 위해서 산소와 결합하거나 떨어지는 기능을 한다. 일반적으로 회유어(붉은살 생선)는 운동이 활발한 생선이기 때문에 호흡에 필요한 산소는 혈액중의 헤모글로빈으로 옮겨지는 산소량으로는 부족하다. 이 때문에 근육중의 미오글로빈이 산소를 일시적으로 저장하는 역할을 하고 있다.

2. 육색의 변화

붉은살 생선은 선명한 선홍색을 나타내고 있다. 이것은 미오글로빈이 공기중의 산소와 접촉해 일시적으로 핑크색의 선명한 적색(옥시미오글로빈)이 되는 것이다. 장시간 방치하면 이윽고 색소중에 포함된 철이온이 산화되어 갈색(메트미오글로빈)으로 변화(메트화)한다. 따라서, 육색은 시간경과와 함께 변화한다. 즉, 육색은 선도가 떨어지면 색 밝기가 약해져 적색이 연해지고 황색이 진해진다. 미오글로빈(Mb)의 흡광도와 산화한 메트미오글로빈(metMb)의 흡광도 차를 수치화한 지표가 메트화율이다.

3. 저온에 의한 변색방지

초밥이나 생선회에 이용되는 냉동참치의 저장은 −50℃이하의 초저온에서 보관된다. 일반 냉동고는 −20℃정도이므로 장기저장중에 메트화는 진행한다.

4. 홍송어는 붉은살 생선의 무리인가

홍송어의 아름다운 육색 본체는 지용성색소인 카로테노이드 색소의 일종인 아스타키산틴이다. 연어 육색은 혼인기에 들어가면 수컷은 체표로 이행하고 혼인색을 나타내고 암컷은 난소로 이행해 어란의 보호물질이 된다. 붉은살 생선의 미오글로빈은 근육중의 산소 운반이나 저장의 역할을 수행하는 수용성색소이며 아스타키산틴과는 다르다. 아스타키산틴은 연어류 외에 돔이나 눈볼대의 외피나 새우, 게, 크릴새우의 외피나 껍질에도 포함되어 있어 활성산소의 활성화를 방지하는 기능이 밝혀지고 있다.

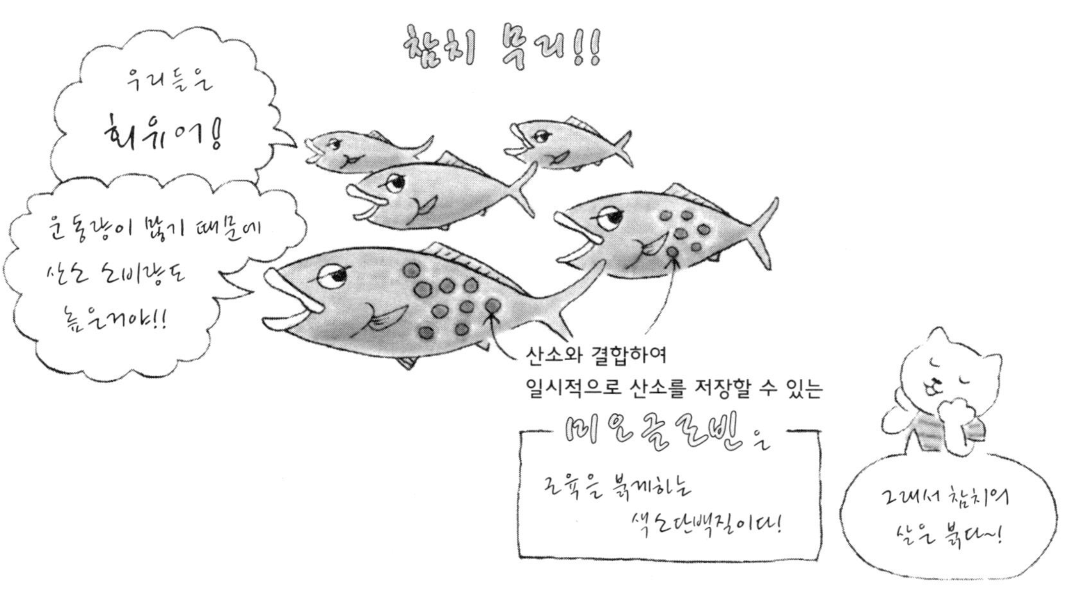
참치 무리!!
우리들은 회유어!
운동량이 많기 때문에 산소 소비량도 높은거야!!
산소와 결합하여 일시적으로 산소를 저장할 수 있는
미오글로빈은
근육을 붉게하는 색소단백질이다!
그래서 참치의 살은 붉다~!

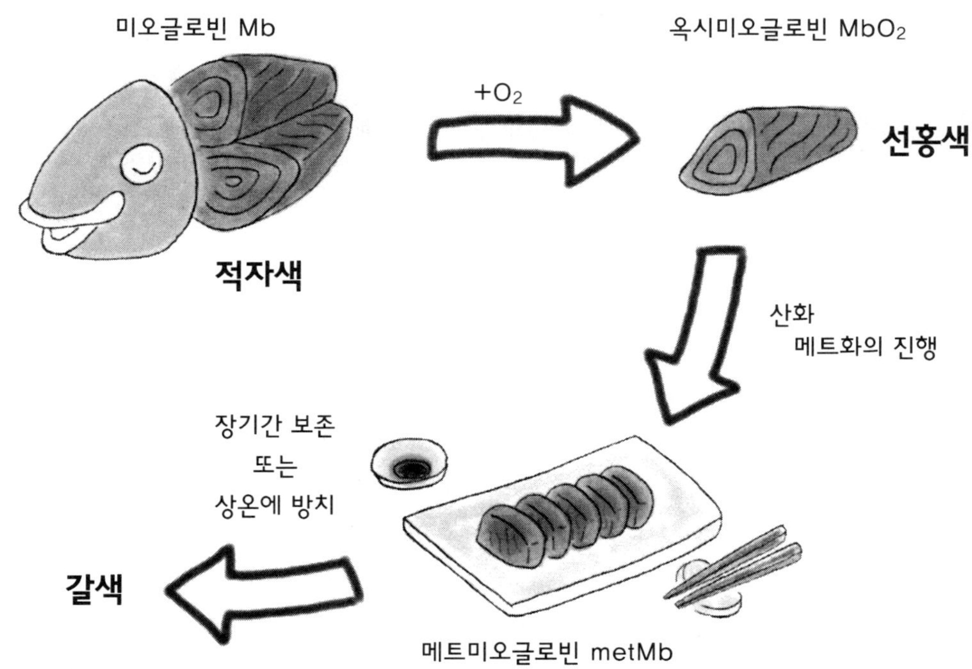
미오글로빈 Mb
적자색
+O_2
옥시미오글로빈 MbO_2
선홍색
산화
메트화의 진행
메트미오글로빈 metMb
장기간 보존
또는
상온에 방치
갈색

5) pH, 완충능

pH-완충능

물을 구성($H_2O \rightarrow H^+ + OH^-$)하는 H^+는 음료수나 혈액 등 다양한 곳에 존재해 생명활동에 없으면 안 된다. 이 H^+의 농도를 대수로 나타낸 것이 pH로, pH<7을 산성, pH7을 중성, pH>7을 염기성이라 정의한다.

그런데, 운동할 때의 에너지원은 글리코겐이다. 우리가 달리면 글리코겐으로부터 ATP가 생산되어 혈액중에 유산이 축적된다. 유산은 일부 탄산 가스와 물이 되지만 일부는 글리코겐으로 돌아온다. 유산의 축적에 의해 혈중 pH는 저하하지만 혈액에는 완충능이 있기때문에 pH를 7부근으로 유지할 수 있다.

덧붙여서, 혈액중에는 탄산가스가 녹아서 생긴 탄산이나 그 중화염인 탄산나트륨 등이 있어, 이들 존재에 의해 소량의 유산 등이 진입해도 pH는 조금 밖에 변화하지 않는다. 이와 같이 용액중의 유리 H^+농도의 변화에 대해서 저항성이 있는 것을 완충능이라 한다.

먼저 기술한 것처럼, 생선의 사후 혐기적해당(글리콜리시스)은 다량의 유산을 생성해, 근육의 완충능은 여기에 저항하지 못해서 pH는 5~6 전후까지 저하한다. 한편, 선도저하와 함께 생성되는 TMA, 유리아미노산, 유기산 등은 근육의 완충능을 증가시키지만, 암모니아의 생성 등 주위의 변화에 저항하지 못해서 pH는 서서히 증가해 10 정도까지 달한다.

따라서, 근육의 완충능이나 pH변화로부터 선도를 판정하는 것이 가능하지만, 실용화에는 이르지 않았다. pH변화는 pH미터로 간단히 측정할 수 있지만, 부위(꼬리, 등근육 등)를 결정해 시료채집하는 것이 필요하다. 완충능변화는 시판품의 β-타이트레터나 β-완충능센서를 이용해 측정할 수 있다.

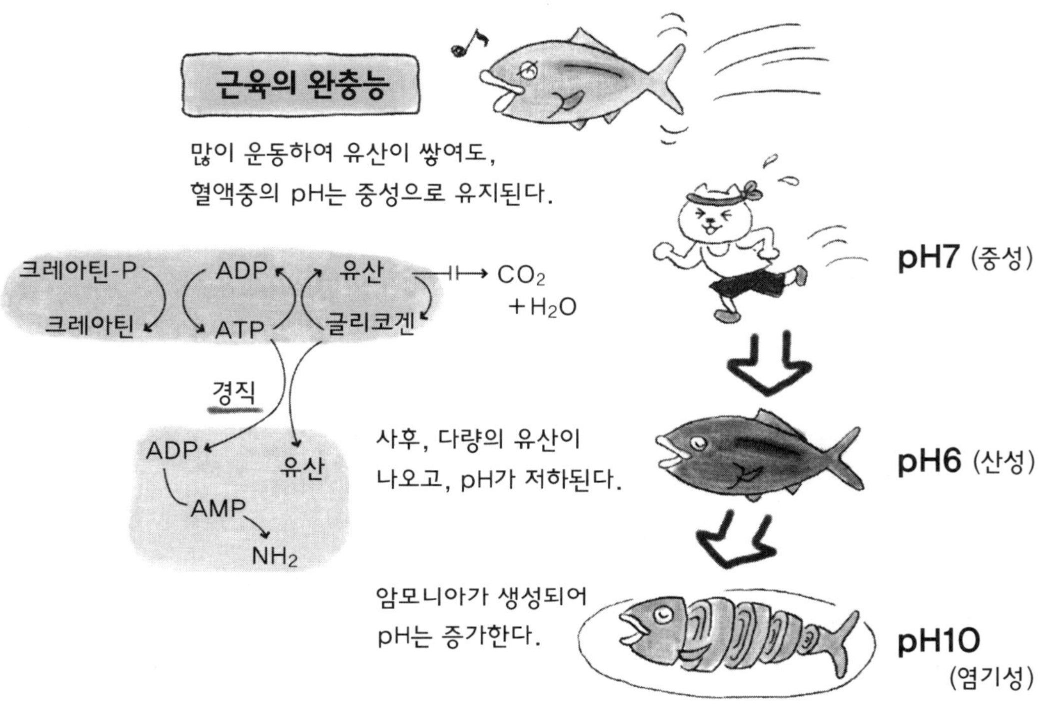
근육의 완충능
많이 운동하여 유산이 쌓여도,
혈액중의 pH는 중성으로 유지된다.
크레아틴-P
크레아틴
ADP
ATP
유산
글리코겐
CO_2
$+H_2O$
경직
ADP
AMP
NH_2
유산
사후, 다량의 유산이
나오고, pH가 저하된다.
암모니아가 생성되어
pH는 증가한다.
pH7 (중성)
pH6 (산성)
pH10
(염기성)

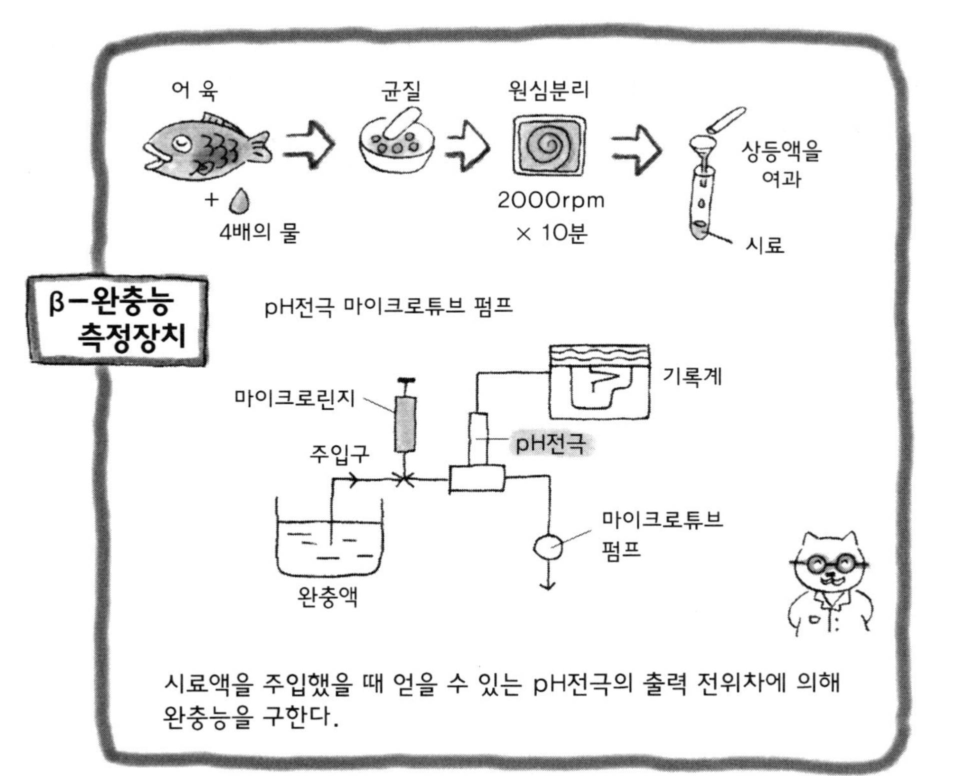
어 육
+ 4배의 물
균질
원심분리
2000rpm
× 10분
상등액을
여과
시료
β－완충능
측정장치
pH전극 마이크로튜브 펌프
마이크로린지
주입구
완충액
pH전극
기록계
마이크로튜브
펌프
시료액을 주입했을 때 얻을 수 있는 pH전극의 출력 전위차에 의해
완충능을 구한다.

6) -1 히스타민

참치, 고등어, 가다랑어, 꽁치 등을 먹었을 때 1시간 정도 얼굴이 붉어져 두드러기나 두통, 발열 등의 증상(알레르기성 식중독)을 일으키는 일이 있다. 이것은 붉은살의 어육중에 다량으로 포함되어 있는 유리아미노산의 히스티딘(500~1.200mg/100g 붉은살 어육, 흰살 생선에는 거의 존재하지 않는다)이 세균(몰간균)의 기능으로 탈탄산되어 히스타민으로 바뀌기때문이라고 생각된다. 이 히스타민은 부패과정에서 생성하는 아민의 대표적 물질이다. 히스타민 중독은 히스티딘 함량이 적은 흰살 생선에서는 일어나기 어렵다. 이 중독증상은 항히스타민제를 투여하면 신속하게 치유된다. 미국 FDA(식품의약국)에서는 1982년에 참치, 가다랑어의 히스타민 농도가 50mg/100g이상의 경우는 건강에 유해하다고 간주해 법적인 규제치를 설정했다. 일본에서는 아직 법적인 규제치는 없다. 다음 페이지의 표는 주요국에서 식품중에 포함되는 히스타민양의 규제치를 나타낸다.

일반적으로 히스타민의 정량은 HPLC법이나 AOAC법으로 실시하고 있지만 방해물질을 제거하기 위해 전처리 조작이 필요하다. 센츄럴과학에서 판매 되고 있는 히스타민계(HM-505형)는 효소주입방식의 배지타입으로 전처리없이 약 10분에 계측할 수 있다. 이 조작순서를 다음 페이지의 그림에 나타낸다. 이 방법은 측정시료에 히스타민 특이성이 높은 효소를 첨가해 히스타민이 효소분해할 때의 산소소비량으로부터 히스타민 농도를 검출한다. 측정범위는 0~20mg/L(정량하한 0.5mg/L)이다. 이 효소는 히스타민에 대해서 특이적으로 작용하기 때문에 퓨토레신, 카다베린 등의 부패성아민에는 반응하지 않는다. 1mg의 산소소비량이 3.47mg의 히스타민에 해당하기 때문에 표준시료에 의한 장치의 교정은 필요없다. 효소는 일회용이기때문에 반복 사용은 할 수 없다.

$$\text{히스타민} + O_2 + H_2O \xrightarrow{\text{아민옥시다제}} R\text{-}CHO + NH_3 + H_2O_2$$

주요국에 있어서 식품중의 히스타민에 대한 규제

국 명	대상식품	규제 상황
미국	생 · 냉동 참치, 만새기, 참치통조림. 생 · 냉동 통조림의 히스타민중독에 관계있는 물고기. AL보다 낮은 히스타민 농도에서도 다른 화학적요인으로 부패하고 있다고 보이는 물고기.	Defect Action Level (기준치) = 5mg/100g Action Level (건강 장해를 일으키는 히스타민양) = 50mg/100g
캐나다	어패류 제품	부패를 나타내는 행정상의 가이드 라인으로서 10mg/100g을 규정
	참치	DAL로서 10mg/100g을 채용
스웨덴	생선	상한치로서 20mg/100g의 값을 규정
스위스	와인	상한치로서 4mg/L의 값을 추천
	생선(통조림)	10mg/100g의 잠정규제의 설정을 검토
독일	와인	상한치로서 2mg/L의 값을 추천
	생선	10mg/100g이상의 히스타민이 유해한다는 것을 인정하고 있다. DAL로서 10~20mg/100g을 채용
벨기에	와인	상한치로서 5~6mg/L의 값을 추천
프랑스	와인	상한치로서 8mg/L의 값을 추천
핀란드	참치 어패류 제품	DAL로서 10~20mg/100g을 채용 상한치로서 10mg/100g의 값을 규정
덴마크	참치	DAL로서 10~20mg/100g을 채용 수입한 통조림(참치, 가다랑어)에 대해서, TLC를 이용한 검사 프로그램을 설정

히스타민 측정의 조작순서

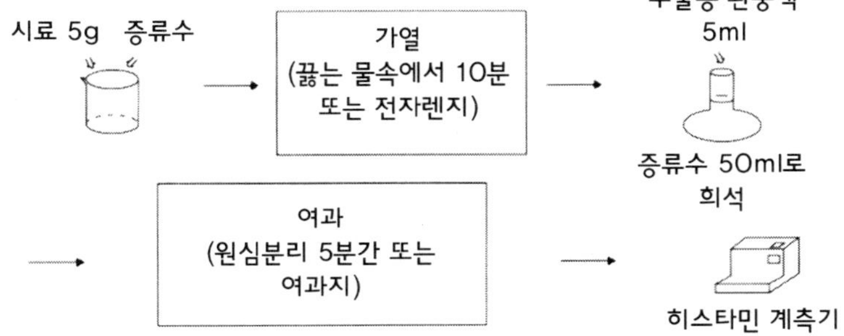

히스타민 중독

6) -2 폴리아민

어패류에 함유된 유리아미노산이 미생물의 효소작용에 의해 탈탄산되어 폴리아민이 생긴다. 일반적인 탈탄산반응은 아미노산으로부터 카르복실기(COOH)가 탈이해 대응하는 아민과 이산화탄소를 생성한다. 이 반응에서 올니틴으로부터 프토레신, 리진으로부터 카다베린, 티로신으로부터 티라민, 알기닌으로부터 아그마틴, 히스티딘으로부터 히스타민 등이 생성된다. 이것들을 폴리아민이라고 하여 이들의 함량으로부터 부패판정을 할 수 있다. 고등어, 꽁치, 정어리 등은 프토레신, 카다베린, 티라민, 트립타민 등의 각 함량이 선도저하와 함께 증가한다. 고등어를 어획 후 1일간 빙장한 경우에는, 스페르미딘이 0.7mg/100g 검출되고 다른 폴리아민은 검출되지 않는다. 이것을 10℃에서 1일 저장한 경우에는 카다베린이 2.17mg/100g, 히스타민이 0.54mg/100g 생성된다. 이 시점에서는 식용이 가능하지만, 2일 후 카다베린이 37.53mg/100g, 히스타민이 32.13mg/100g이 되어 부패한다. 한편, 꽁치의 경우, 어획 후 1일간 빙장하면 폴리아민은 검출되지 않는다. 이것을 5℃에서 저장한 경우에는 2일 뒤까지 카다베린, 히스타민은 검출되지 않고, 4일 후에는 카다베린 1.17mg/100g, 히스타민 2.70mg/100g, 9일 후에는 카다베린 10.60mg/100g, 히스타민 70.20mg/100g이 되어, 히스타민이 알레르기성 식중독을 일으키는 양까지 급증한다. 히스타민은 어종 또는 저장온도에 따라 그 생성량이 현저하게 달라, 반드시 부패판정에는 적당하지 않다. 고등어, 꽁치, 정어리 등 붉은살의 생선이나 연어류 등의 부패판정 지표로서는 카다베린이 유용하다고 한다.

이들의 측정에는 고속액체크로마토그래피(HPLC)가 사용되어 많은 폴리아민을 동시정량할 수 있다. 이것은 포스트라벨법에 의해 형광검출기로 검출하는 것으로, 컬럼으로서 Shim-pack CLC-ODS를 이용해 이동상A액(0.1M 인산2수소나트륨과 10mM 옥탄설폰산나트륨, pH4.28)과 B액(A액에 등량의 메탄올을 가한 용액, pH4.20)의 그레지언트에 의해 실시한다.

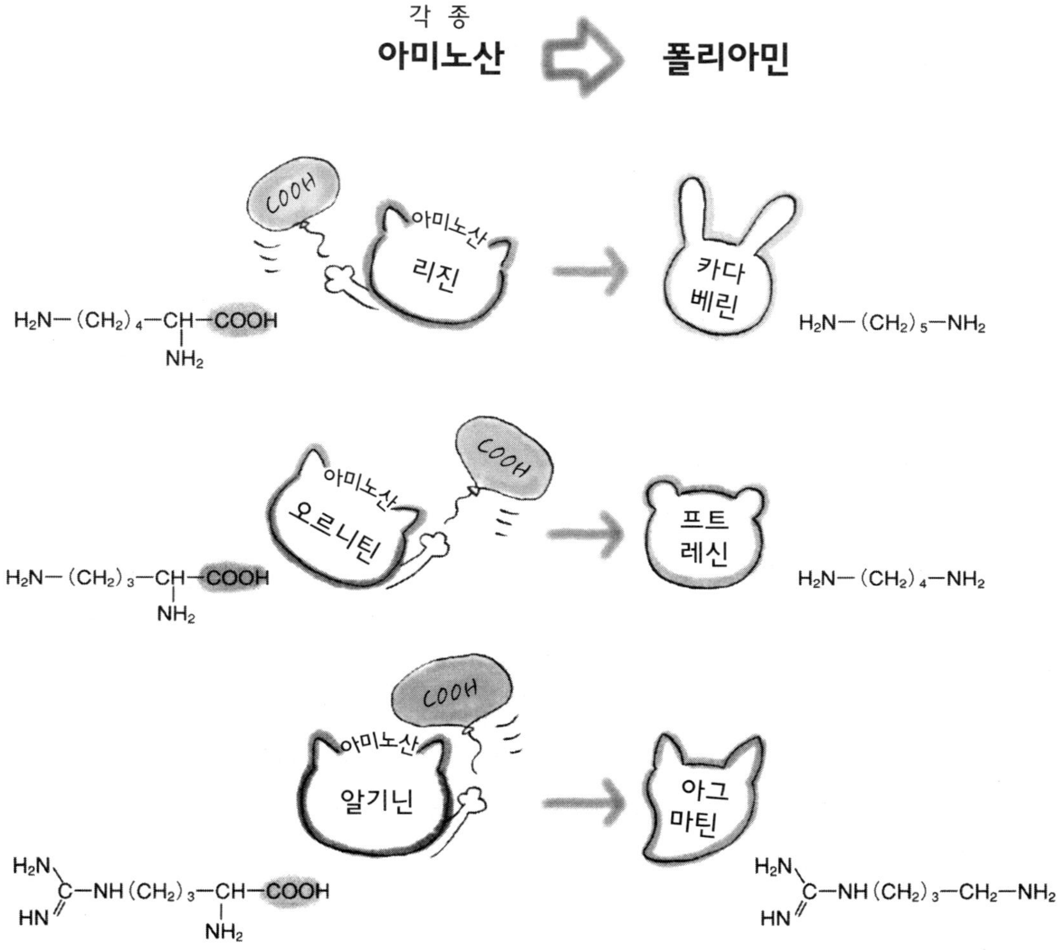

각 종
아미노산 ⇨ **폴리아민**

COOH
아미노산
리진
$H_2N-(CH_2)_4-CH(NH_2)-COOH$
→
카다베린
$H_2N-(CH_2)_5-NH_2$

COOH
아미노산
오르니틴
$H_2N-(CH_2)_3-CH(NH_2)-COOH$
→
프트레신
$H_2N-(CH_2)_4-NH_2$

COOH
아미노산
알기닌
$H_2N(HN=)C-NH(CH_2)_3-CH(NH_2)-COOH$
→
아그마틴
$H_2N(HN=)C-NH(CH_2)_3-CH_2-NH_2$

고등어 저장중(10℃)의 폴리아민 변화(단위 : mg/100g)

저장일수 (일)	티라민	프트레신	카다베린	히스타민	아그마틴	트립타민	스펠미딘	휘발성 염기질소	관능평가
0	0	0	0	0	0	0	0.70	11.1	1
1	0.48	0.41	2.17	0.54	1.89	0	1.26	14.6	1
2	4.66	1.28	37.53	32.13	7.22	0	1.27	19.7	2
3	6.14	3.75	50.04	94.47	3.78	0	1.62	25.2	3
4	5.71	2.83	46.17	65.30	2.37	0	2.78	101.0	3

*관능 평가 ; 1 : 식용가능, 2 : 초기부패, 3 : 부패

7) 지질의 산화도

지질은 3가 알코올의 글리세린과 지방산이 에스테르 결합한 물질(글리세리드)이다.

유지가 상온에서 고체인가 액체인가는 글리세린에 결합하고 있는 지방산에 의해 정해져 분자내에 이중결합(-CH=CH-)을 가지는 불포화 지방산이 많을수록 액체가 되고, 포화 지방산이 많을수록 고체가 된다. 불포화 지방산중에서도 이중결합이 4개 이상 포함되는 것을 고도 불포화 지방산이라고 한다. 생선에는 고도 불포화 지방산인 에이코사펜타엔산(EPA)이나 도코사헥사엔산(DHA)이 다량으로 포함되어 EPA가 동맥경화나 혈전 예방에, DHA가 뇌의 활성화나 알츠하이머병의 예방에 효과적이라고 알려져 있다.

이와 같이 생선의 지질은 고도 불포화 지방산으로 구성되어 있기 때문에 구조적으로 불안정하고, 이중결합에 산소가 결합해 산화하기 쉽다. 지질이 산화하면 불쾌한 악취의 발생, 풍미나 색조, 물성, 영양가 저하 또는 독성을 가지는 물질의 생성 등 안전성에도 깊게 관련된다. 지질이 산화해 어육이 노란색 또는 주황색으로 변색하는 현상을 「지방산화*」라고 한다. 산화의 정도를 나타내는 지표로서 과산화물가나 산가가 있다. 과산화물가는 제1차 산화생성물의 과산화물이 산성용액중에서 요오드화칼륨과 반응하고, 정량적으로 유리하는 요오드양을 흡광광도계, 형광광도계, 근적외분광분석기에 의해 측정하고 있어, 지질 1kg에 대해 유리된 요오드양을 나타낸다. 또한, 산가는 지질중에 존재하는 산성지질(주로 유리지방산)의 함유량을 나타내, 유지 1g중에 포함되는 유리지방산을 중화하는데 필요한 수산화칼륨양(mg)으로 나타낸다. 이들은 모두 불안정한 산화중간성생물을 측정하기때문에, 반드시 올바르게 평가할 수 있다고는 할 수 없다. 정어리의 염장 건조품의 제조 및 저장중 지질의 산가, 과산화물가를 다음 페이지에 나타냈다. 어종에 따라 지질의 산화 속도는 다른데, 일반적으로 붉은살 생선의 염장 건조품에서는 빠르고, 흰살 생선에서는 늦다.

*** 지방산화**

지질이 단백질, 아미노산, 염기 등의 아미노화합물과 공존하에서 산화가 진행하면 변색한다. 이것을 지방산화라고 하여 어패류의 염장건조품 등에서 볼 수 있다. 한편, 산패는 변색을 동반하지 않는 풍미상의 열화현상이다.

유지의 구조

지방산		글리세린		모노글리세리드		디글리세리드		트리글리세리드
R_1COOH		HOH_2C		CH_2OOCR_1		CH_2OOCR_1		CH_2OOCR_1
R_2COOH	+	$HOH\ C$	→	$CHOH$	→	$CHOOCR_2$	→	$CHOOCR_2$
R_3COOH		HOH_2C		CH_2OH		CH_2OH		CH_2OOCR_3
	↓ H_2O							

(a) 에이코사펜타엔산 (b) 도코사헥사엔산

a: $H_3C-\overset{H_2}{C}-[\overset{}{C}H=CH-\overset{H_2}{C}]_5-\overset{}{C}H_2-\overset{H_2}{C}-C(=O)-OH$

b: $H_3C-\overset{H_2}{C}-[CH=CH-\overset{H_2}{C}]_6-\overset{}{C}H_2-C(=O)-OH$

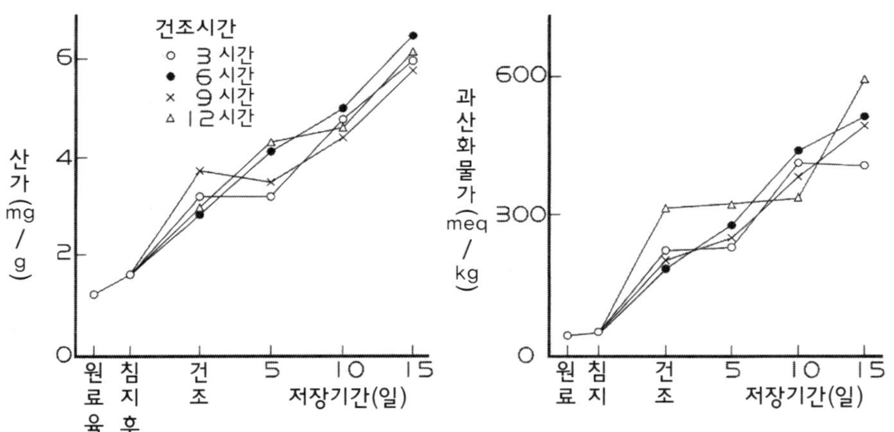

8) 오징어, 문어의 선도를 측정한다 ~아그마틴센서, 옥토핀센서~

생선의 선도지표로서는 K값(ATP 관련화합물의 분해성분비)이 널리 사용되고 있다. 하지만, 오징어 등의 수산무척추동물에서는 ATP(아데노신3인산)의 분해경로가 다르고 또한 어육중의 아데노신디아미나제 활성이 높기 때문에, K값이 급격히 상승하여 선도지표로서 이용하는데 문제가 있다. 일반적으로 어육의 생선회로서 식용은 K값 20%이하에서 가능한 반면, 오징어에서는 50%가 되어도 충분히 생선회로서 식용할 수 있다.

한편, 오징어에서는 아미노산의 알기닌함량이 많아, 이것이 세균이 만들어내는 탈탄산효소에 의해 아그마틴을 생성한다. 이 부패성아민의 아그마틴함량을 사용해 오징어의 선도를 판정할 수 있다. 아그마틴은 신선한 시점부터 미량 검출되지만, 저장 중 조금씩 증가한다. 오징어의 초기부패에서는 30mg/100g, 부패시에는 약 40mg/100g이 된다. 또한, 수산무척추동물 문어에서는 구아니딘화합물인 옥토핀이 선도지표로서 유효하다는 것이 보고되었다. 수산무척추동물의 문어, 오징어, 가리비 등의 해당계 최종산물이 D－유산과 옥토핀이고, 옥토핀은 피루빈산이 알기닌과 반응해 생성된다.

오징어나 문어의 선도를 간편히 계측하는 방법으로서 바이오센서를 사용한 아그마틴센서나 옥토핀센서가 보고되고 있다. 아그마틴센서에서는 아그마틴을 효소 아그마티나제에 의해 프트레신으로 변환해, 이것을 산화효소 프트레신옥시다제에 의해 분해할 때의 산소소비량으로부터 측정하고 있다. 한편, 옥토핀센서는 옥토핀을 효소 옥토핀디히드로게나제에 의해 피루빈산으로 변환해, 이것을 산화효소 피루빈산옥시다제에 의해 분해할 때의 산소소비량으로부터 측정하고 있다.

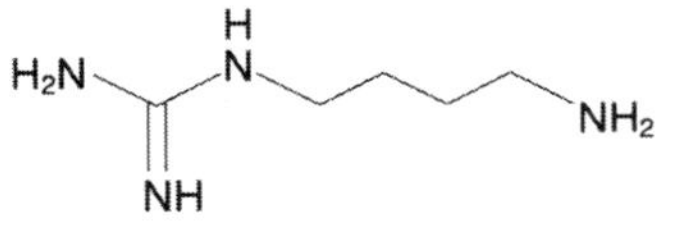

아그마틴

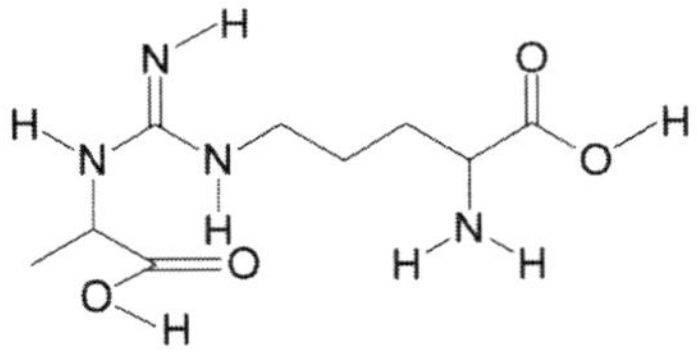

옥토핀

오징어의 아그마틴함량과 저장일수(0℃)

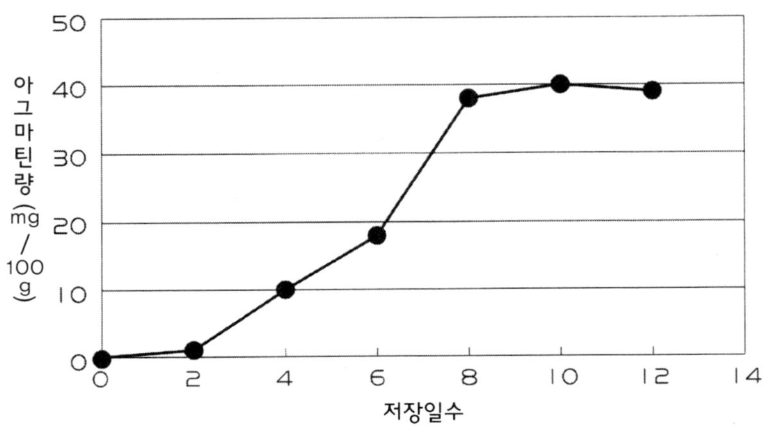

9) 물리적 선도판정법

어체의 딱딱함(사후경직의 정도)이나 전기저항의 변화로부터 선도를 판정하는 방법이 물리적방법이다. 물고기는 사후, 근육중의 효소작용에 의해 아데노신3인산(ATP)이 감소해 근육수축의 결과 근육이 탄성을 잃으면서 딱딱해진다. 이것은 동물전체에서 보여지는 현상으로 사후경직이라고 한다. 사후경직의 개시시간이나 지속시간은 어종, 어체의 크기, 치사조건, 저장온도, 살아 있을 때 가지고 있는 ATP양, 천연어와 양식어의 차이 등에 따라 다르다. 사후의 시간경과와 함께 어체가 경직되어 완전경직(최대경직)에 이른 후 연화(해경) 한다. 이 경직의 정도(경직지수)를 계측하는 것에 의해 선도를 알 수 있지만, 어종에 따른 차이나 개체차이가 크기 때문에 정확한 판정을 기대하는 것은 어렵다. 사후경직을 측정하려면 그림에 나타낸 방법이 사용된다. 수평대에 생선의 머리쪽 절반을 올리면 꼬리부분이 밑으로 쳐진다(경직지수 : 0). 경직이 시작되면 꼬리부분이 서서히 올라와, 최대경직에 이르면 꼬리부분은 머리와 수평이 된다(경직지수 : 100). 완전경직이 지속된 후 해경이 시작되어 다시 꼬리부분이 내려가 경직지수가 저하된다.

한편, 어체의 전기저항이나 유전율로부터 선도를 판정하는 방법도 고안되고 있다. 이것은 선도저하와 함께 전기저항이나 유전율이 변화하는 것을 이용한 것으로 어체를 손상시키지 않고 한 쌍의 센서 헤드를 피부 위에 접촉하는 것만으로 측정할 수 있다. 영국에서 1970년대에 개발된 트리미터는 선도가 16단계로 표시되어 측정시간은 1초로 쉽게 계측할 수 있지만, 어종이나 치사조건의 차이에 따라 수치가 달라져 초기선도를 판별하기엔 무리가 있다. 그러나, 이 트리미터는 어떤 선어에서도 한번 냉동 · 해동하면 측정치가 0을 나타내, 선어 및 냉동어의 이력판별에는 유효하다.

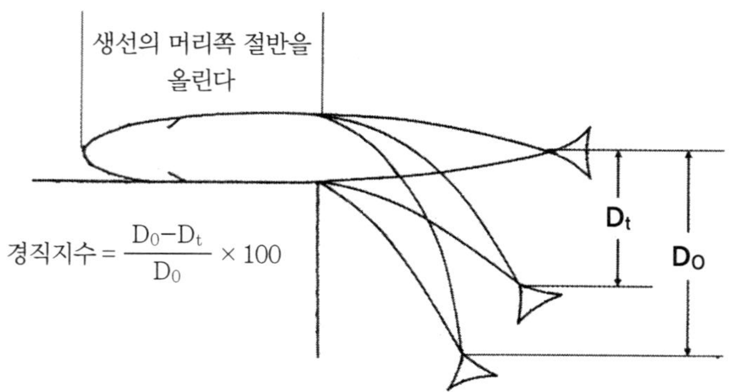

그림 중에 나타낸 계산식에 따라 경직지수를 산출한다.

경직지수의 측정법

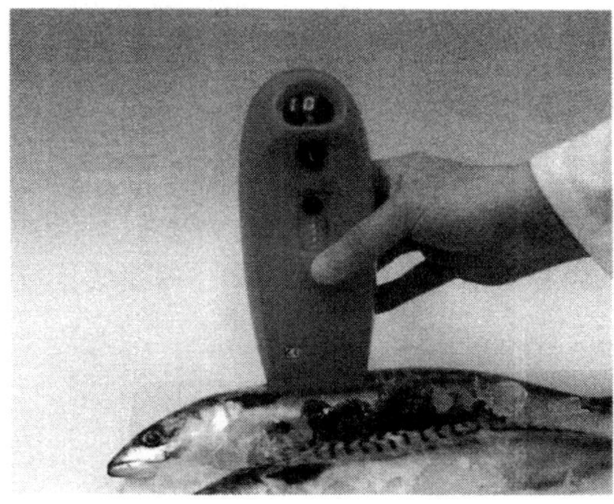
트리미터(DISTELL 사)

10) 유기산

신선한 어패류에도 초산 등이 조금 존재하지만, 선도저하에 따라 초산, 개미산, 프로피온산, 낙산, 길초산, 사과산 또는 유산, 피루빈산 등 유기산이 증대하는 것이 옛부터 알려져 있다. 이들 유기산은 선도저하와 함께 증가하는 세균의 효소작용이나 근육중 글리코겐의 혐기적 분해, 지질의 산화분해물인 알데히드의 산화 등에 의해 생성된다.

1. 미생물의 효소작용에 의한 유기산의 생성

미생물은 증식에 따라 균체외에 단백질 분해효소를 산출해, 단백질을 분해해 아미노산을 생성한다. 이 아미노산은 미생물이 산출하는 효소 디아미나제에 의해 탈아미노반응을 받고 아래와 같이 각종 유기산이 생성된다.

산화적 탈아미노 반응	$2\ RCHNH_2COOH + O_2$	→	$2\ RCOCOOH + 2\ NH_3$ (케토산)
환원적 탈아미노 반응	$RCHNH_2COOH + H_2$	→	$RCH_2COOH + NH_3$ (카르본산)
수해적 탈아미노 반응	$RCHNH_2COOH + H_2O$	→	$RCHOHCOOH + NH_3$ (히드록시산)
	$RCHNH_2COOH + H_2O$	→	$RCH_2OH + CO_2 + NH_3$ (알코올)
	$RCHNH_2COOH + H_2O$	→	$RCHO + HCOOH + NH_3$ (알데히드)
불포화적 탈아미노 반응	RCH_2CHNH_2COOH	→	$RCH = CHCOOH + NH_3$ (불포화 카르본산)

2. 해당계에 의한 유산, 피루빈산의 생성

어패류는 살아있을 때 근육중에 충분한 산소가 공급되지만, 사후 생리기능이 정지하면 산소가 공급되지 않게 되어, 근육은 혐기적인 상태가 된다. 그 결과 근육중에 존재하는 다당류의 글리코겐이 근육중의 효소작용에 의해 혐기적 분해(글리콜리시스)를 일으켜 유산을 생성하게 된다.

이것들을 측정해 선도를 판정하는 방법도 보고되고 있지만, 일반적인 방법이라고는 할 수 없다.

선도 저하

초산

먼저
먹을게요~♪

암모니아

알데
히드

유산

프로피온
산

싫어~!

맛없게 되버렸다!!

11) 이 생선 며칠 동안 생선회로 먹을 수 있나요?

일본에서는 생선을 생 것으로 먹는 식습관이 있기 때문에 선도라는 특유의 개념이 존재해, 어패류를 선택하는 지표로서 많은 소비자는 선도가 좋은 것을 생각한다(그림 참조). 이런 배경으로부터 우리들은 생선회로서의 유효소비기한을 기준으로 즉시 계측 가능한 기술을 개발했다. 이 기술의 원리는 물고기의 초기선도판정지표로서 가장 유효하고 신뢰성이 높은 K값 [제2장 4) 참조]의 변화를 육안으로 추적할 수 있다. 구체적으로는 다음 페이지에 나타낸 밀폐용기 내에서 발색시약을 포함한 조건하에서 효소반응을 실시해 (이하, 바이오온도계라고 호칭한다), 그 발색도가 K값과 좋은 상관이 있는 것으로부터 생선을 바이오온도계와 같은 환경하에 두는 것에서 K값에 근거하는 생선의 생가식기한이 비파괴적으로 산출 가능해진다.

또한 이 기술을 트레서빌러티에 도입하면 선도 및 온도 이력에 의한 소비 기한의 표시가 실시간으로 가능해져 소비자에게 안전하고 안심할 수 있는 신선한 어류 공급이 가능해 진다고 기대된다.

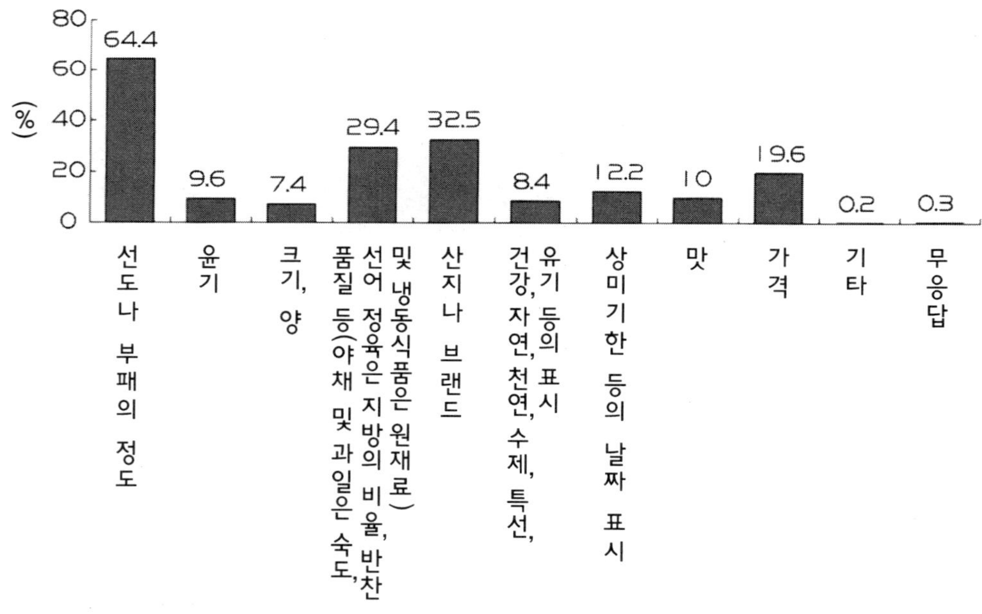

식료품을 구입할 때 어떤 것에 주의하여 구입할까(2개 이내)

바이오
온도계

며칠 동안
생선회로 먹을 수
있을까요?!

제 6 장 안전성에 관한 선도 이외의 요인

1) 생선을 오염시키는 위해요인

위해요인으로서 생물학적 · 화학적 · 물리학적 위해로 분류하여 소개한다. 물리학적 위해로서는 금속조각, 유리조각 등의 혼입이 있지만 여기에서 자세한 것은 생략한다.

1. 생물학적 위해

미생물에 의한 위해, 특히 부패, 식중독을 일으키는 미생물을 들 수 있다. 대표적인 것으로서는 생선과 함께 다량으로 섭취된 미생물이 장관내에서 더 증식해서 설사, 구토, 복통 등의 위장염을 일으키는 감염형 식중독(장염비브리오, 살모넬라균 등), 특정 세균이 증식할 때에 만들어지는 독소를 섭취해 일어나는 독소형 식중독(황색포도구균, 보툴리누스균 등), 세균의 작용에 의해 생선중의 화학물질에 의해 일어나는 알레르기성 식중독(히스타민 생성균과 같은 원인균)이 있다. 최근에는 장관 출혈성 대장균이나 칸피로박타에 의한 식중독, 미생물 이외에 노로바이러스(소형 구형 바이러스)나 크리프트스포리지움(원충)에 의한 위해도 알려지기 시작해 현재 일본에서 식중독 미생물로서 식품위생법의 대상으로 되어 있는 미생물은 바이러스나 원충을 포함해 20여종이 있다. 이 방제책으로서는 냉장 · 냉동 기술, 수분활성조절, pH조절, 가스치환에 의한 미생물 제어등이 시도되고 있지만 어느 것도 만능이 아니고, 향후 대책이 요구된다.

2. 화학적 위해

메틸수은, 다이옥신류, 유기주석화합물이라고 하는 환경오염 화학물질과 양식용 의약품, 복어독 등 자연독에 의한 위해가 대표적인 것이지만, 여기에서는 환경오염 화학물질에 의한 위해에 대해 기술한다. 메틸수은의 독성에 대해서는 매우 높은 레벨에서 미나마타병 등이 보고되고 있지만, 태아에게 신경독성이 가장 예민한 건강상 영향때문에 2003년 6월 3일에 후생노동성에서 공표된 임산부 등을 대상으로 하는 "수은을 함유 하는 어패류 등의 섭취에 관한 주의 사항"을 정리할 수 있었다. 다이옥신류는 환경중에서 분해되기 어렵고, 물에는 녹기 어렵지만 지용성이며 대기중의 입자 등에 부착, 토양, 하천, 호수와 늪, 바다저질 등에 축적해, 먹이연쇄를 통해 플랑크톤 등에서 어패류로 옮겨진다. 다이옥신류는 PCD(75종류) 및 PCDF(135종류), 코프라나PCB(십여종)라고 하는 3화합물군으로부터 되어, 그들 중 독성을 가지는 것은 29종류로 여겨져(참고 문헌(1)), 생식, 발생독성, 면역독성 등이 보고되고 있다. 일본의 평균적인 식생활에서 섭취되는 어패류에 축적되고 있는 다이옥신류의 실태가 조사되어 결과가 공표되고 있다. 전술의 메틸수은이 천연기원인 것과 대조적으로 다이옥신류는 인위적으로 발생하는 것이기 때문에, 발생원, 오염원 대책을 세우면, 그 발생을 감소시킬 수 있다. 일본도 다이옥신 대책추진 기본지침, 다이옥신류대책 특별조치법 등에 기초를 두어, 발생원대책 등이 정부일체가 되어 추진되고 있다. 유기주석화합물 중 선체방오도료나 어망방오제로서 장기간 사용되어 온 트리부틸주석(TBT)과 트리페닐주석(TPT)은 내분비교란 화학물질로도 지정되었지만, 사용이 금지된 현재에도 대량 사용시에

바다저질에 축적된 것이 재용출하여, 고둥의 성전환을 일으켜 문제가 되고 있다. 적극적인 정화법은 정해지지 않았지만, 저자들이 발견한 유기주석화합물 분해미생물을 이용한 생물적인 분해제거법이 바람직한다.

어패류의 다이옥신류 함량

어종명	pgTEQ/g	어종명	pgTEQ/g
붕장어	1.415 – 2.638	방어	2.668 – 3.566
장어(수입)	0.333 – 0.493	임연수어	0.261 – 4.612
청새치	1.166 – 5.484	전갱이	0.679 – 1.308
가다랑어	0.276 – 0.323	정어리	0.322 – 0.768
꼬치고기	0.578 – 1.705	건멸치	2.702
가자미	0.111 – 0.209	대구	0.027 – 0.079
보리멸	0.245 – 0.804	참치	0.013 – 1.498
금눈돔	1.222 – 1.831	명태	0.029 – 0.377
농어	7.192 – 7.310	갈치	0.801
넙치	0.187 – 0.202	갈치(수입)	0.076
연어	0.034 – 0.067		
자반연어	0.051 – 0.392	가리비	0.015 – 0.112
연어(수입)	0.092 – 0.453	굴	0.080 – 0.614
자반연어(수입)	0.463	바지락	0.001 – 0.244
고등어	1.635 – 2.517	재첩	0.256 – 0.888
자반고등어	1.426 – 2.697	게	0.469 – 3.471
자반고등어(수입)	0.453 – 0.469		

주: 현재 다이옥신의 1일 섭취량은 4 pgTEQ/kg체중/일로 정해져 있다.

TEQ(Toxic Equivalent, 독성등량) : 다이옥신류는 혼합물이며, 각각의 독력이 다르기 때문에 각각의 양에 계수(2, 3, 7, 8 TCDD의 독성을 1로 한 것)를 곱한 값을 합계한 양을 TEQ로서 나타낸다.

飯田隆雄「다이옥신의 오염실태 파악 및 섭취 저감화에 관한 연구 (2) 다이옥신류 개별식품의 오염실태 조사」(2003년)

임산부가 섭취시에 주의해야 할 어패류의 종류와 섭취량의 기준

어패류	섭취량의 기준
참돔, 게르치, 청새치, 홍감펭, 남방참다랑어, 청새리상어, 까치돌고래,	약 80g/회, 주2회까지
금눈돔, 참다랑어, 눈다랑어, 황새치 물레고둥, 까치돌고래, 향고래	약 80g/회, 주1회
긴지느러미고래	80g/회, 2주에 1회
병코돌고래	80g/회, 2개월에 1회

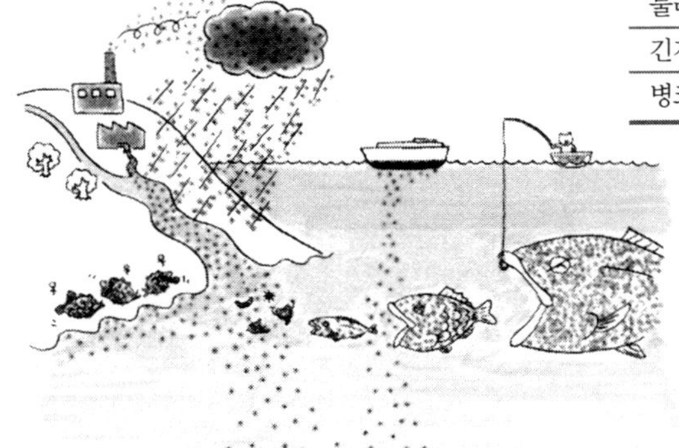

* 다이옥신이 발생하는 소재를 사용한 것을 사지 않는다.
* 쓰레기를 제대로 분별한다.
* 농약이나 화학 비료를 사용하지 않은 음식을 적극적으로 사는 등 친밀한 작은 일을 계속하여 소비자도 이 악순환을 멈추는 것에 가담할 수 있다.

2) 복어 독 (테트로도톡신, TTX), 그 외의 독

지금까지 생선의 안전성은 "신선하면 안전"이라고 생각되어 왔지만, 환경오염때문에 앞에서 기술한 것처럼 수은, 다이옥신, 트리부틸주석 등의 생선 축적량은 방심할 수 없다.

한편, 환경오염은 여름이 되면 독성플랑크톤(아레키산드리움으로 대표되는 와편모조류)의 이상발생을 재촉해, 이것을 포식한 조개(홍합, 가리비, 참굴, 모시조개, 가무락, 전복, 소라)를 먹은 인간이 식중독(설사성 패독; 사키시트키신, 오카다산, 드우모이산)이 되는 문제가 다발하고 있다. 전복의 부위별 독성은 족부배연부의 근육에 가장 많이 축적되어 있었다. 곰치, 꼬치고기, 갈돔, 비늘돔 등이 가지는 시가테라독(복어독보다 20배나 강하다)도 이 플랑크톤독에서 유래한다.

또한, 복어도 독을 스스로 체내에서 합성하고 있는 것이 아니라, 환경 토양에 있는 박테리아가 만든다는 것이 밝혀지고 있다. 즉, 하나의 실험예로서 환경이 깨끗한 곳에서 양식된 복어에는 독이 검출되지 않는다. 일본의 나가사키현은 무독 복어(양식)를 대대적으로 팔려고 했지만, 식품안전위원회는 실험을 해 안전확인을 하라면서 허가하지 않았다.

한편, 방어수단으로서 체표점액에 독을 가지는 것(장어, 곰치, 쏠종개, 거북복, 망둑어)이나 지느러미에 독을 가지는 것(가오리, 메기, 쏨뱅이, 쑤기미, 쏠배감펭)도 있다. 또한, 침샘(고둥), 혈청, 체액(무늬발게)에 독이 존재하는 것도 있다. 이러한 독에는 나트륨채널이라고 해 세포의 표면에서 나트륨의 출입을 조절하는 다수의 구멍을 봉해 버리는 것, 신경전달물질의 전달경로를 저해하는 것, 미토콘드리아에 있는 호흡쇄를 저해하는 것, 용혈해 버리는 것 등이 있다. 이러한 독 중에는 열에 약한 것, 위에서 소화되어 버리는 것도 있지만 어차피 익히거나 구우면 안전하다고 생각하면 위험하다. 다음 페이지에 주된 복어독, 어독의 특징을 표에 나타냈다.

어독

어종	독이 있는 장소	독의 형태	치사량 (Mu / g)
밀복	난소, 간장	TTX	10 이하
자지복	난소, 간장	TTX	100-999
참복	난소, 간장, 피부, 장	TTX	1000 이상
곰치	체표점액	시가테라독	25
장어	혈청, 체표점액	단백질독	7680, 50℃×10min으로 실활
쏠종개	체표점액	단백질독	40
가오리	꼬리	단백질독	—
쑤기미	지느러미	단백질독	230Mu/마리, 동결로 실활
쏠배감펭	지느러미	단백질독	110Mu/마리, 동결로 실활
해삼	체액	사포닌	—
갯장어	체표점액	단백질독	1420
성게	가시	가시독	—
전복	족부근육	마비성패독	106
고둥	타액선	테트라민	—

Mu : 체중 20g의 쥐 복강에 복어독을 주사했을 때, 쥐를 30분에 사망시키는 독량.
見一雄, 長島裕二 : 「해양동물의 독」 成山堂書店(1997)

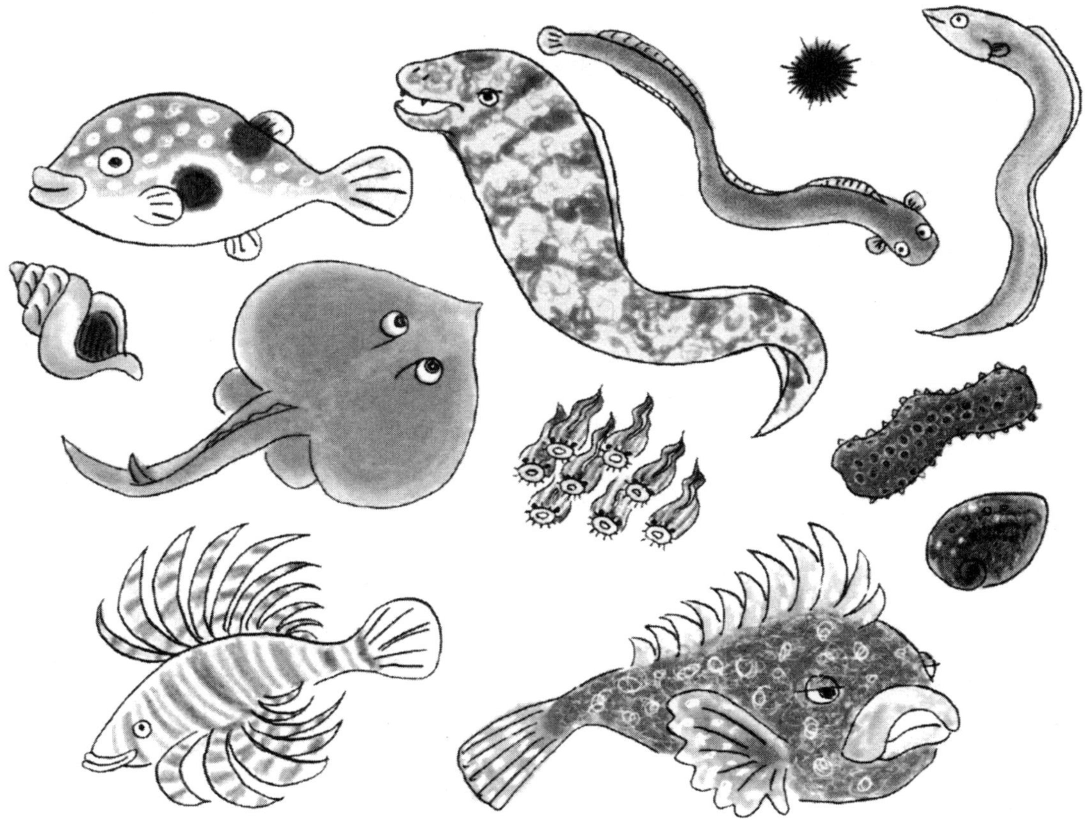

3) 알레르기

음식물 알레르기는 음식물이나 그 성분(단백질인 경우가 많다)에 대한 "개인적 유해반응"을 의미해 이 반응에 인체의 면역계가 관여하고 있는 것을 말한다. 알레르기 반응을 일으키는 식품에는 우유, 계란, 땅콩, 갑각류(새우, 게 등), 패류, 콩류, 밀, 메밀, 어류(히스타민) 등이 있다.

음식물 알레르기의 증상은 다양하다.

1. 호흡기 증후 : 비염-점막에서 다량의 콧물이 나온다
   천식-폐장해 또는 호흡곤란
2. 피부 증후 : 두드러기, 습진-아토피성 피부염
3. 위장 증후 : 구토, 구역질, 설사
4. 그 외의 증후 : 혈관부종, 아나피라키시에 의한 쇼크(격렬한 전신쇼크), 사망하는 경우가 있음, 두통

알레르기 반응을 일으키는 음식물 알레르겐은 흰자의 오봄코이드, 우유 중의 β-락토글로블린, 어패류의 트로포미오신이나 콜라겐 등의 단백질, 대두의 2S성분 등이 대표적이다. 음식물 알레르기 환자는 해마다 증가하고 있고 특히 유아에 많다. 게다가 그 알레르겐은 일상 빈번하게 섭취해, 영양가 높은 식품에 많이 포함되는 만큼 문제가 된다. 그래서 식품 가공에 있어 영양가를 바꾸는 일 없이 알레르겐 활성을 억제하는 것이 중요하다. 이런 연구는 시작된지 얼마 안되었지만, 가열 또는 효소처리 등 식품마다 유효한 방법을 시급히 확립해야 한다. 특히, 수산물에서 볼 수 있는 알레르기에는

히스타민 (히스티딘 $\xrightarrow{\text{탈탄산효소}}$ 히스타민) 중독, 티라민 (티로신 $\xrightarrow{\text{탈탄산효소}}$ 티라민) 중독이 있지만, 이들은 미생물에 의한 아미노산의 탈탄산반응에서 생긴 아민이 원인이다. 품질이 떨어진 조미건조품 등에서 볼 수 있다.

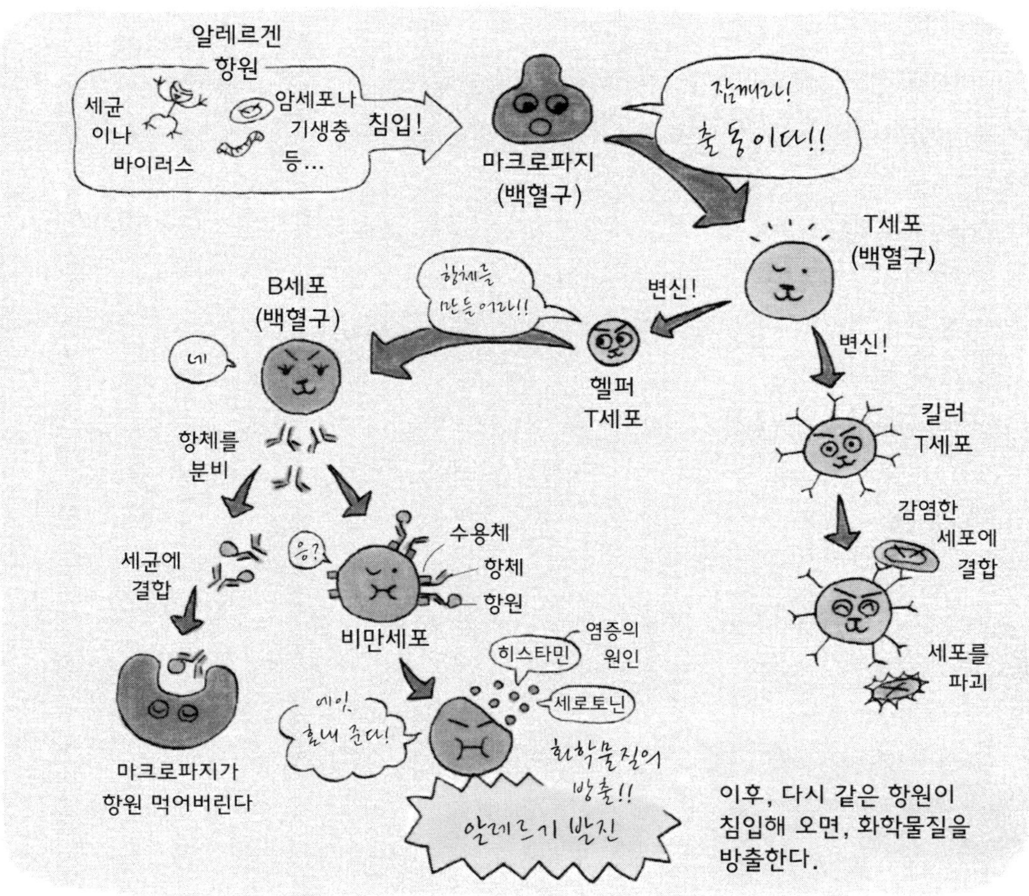

알레르겐
항원
세균 이나 바이러스
암세포나 기생충 등…
침입!
마크로파지 (백혈구)
잡아라!
출동이다!!
T세포 (백혈구)
변신!
헬퍼 T세포
항체를 만들어라!!
B세포 (백혈구)
네
변신!
킬러 T세포
항체를 분비
세균에 결합
마크로파지가 항원 먹어버린다
응?
수용체
항체
항원
비만세포
감염한 세포에 결합
세포를 파괴
염증의 원인
히스타민
세로토닌
에잇, 혼내 준다!
화학물질의 방출!!
알레르기 발진

이후, 다시 같은 항원이 침입해 오면, 화학물질을 방출한다.

4) 양식어와 사료~폐쇄계 음식물 연쇄-농축~

양식어의 경우, 자신의 배설물에 의한 자가오염으로부터 오는 박테리아의 증식이나 발병한 양식어에 대한 항생물질 투여와 그 체내잔류물질의 인체에 미치는 영향 등을 생각하면 식품의 안전성 관점으로부터 건강어인 것이 우선 제일의 조건일 것이다.

양식어의 사료에는 천연의 것과 인공의 것이 있지만, 최근에는 여러가지 영양소를 혼합한 배합사료가 보급되고 있다. 크기 또는 선도가 약간 저하했기때문에 사람의 식용에 적합하지 않은 정어리, 꽁치, 고등어, 까나리를 절단 또는 분쇄해 이용할 때도 있어, 어체로부터 나온 액즙이 환경을 오염시킬 수 있다. 또한, 공급 먹이량은 체중, 수온에 따라 다르지만, 모두 섭취되는 것은 아니고, 일부가 수중에 유출되어 수질이나 저질의 악화를 초래하므로, 경험적으로 공급먹이시간은 대부분 양식어의 입질이 떨어질 때까지로 하고 있다. 출하 전 몇일간은 급이하지 않은채 방치해, 소화관 내용물을 거의 완전하게 배설시켜 물고기를 산 채로 수송하는 경우에서도 탈분이나 기초대사배설량을 감소시켜 수질악화를 억제할 수 있다.

양식어의 병은 바이러스, 세균, 곰팡이, 흡충의 기생 등에 의한 감염증 또는 수질의 악화, 영양장애 등에 의해 일어나므로, 기본적으로는 병이 일어나지 않게 환경관리, 영양관리에 유의해 양식현장에서는 평상시 병의 조기발견에 노력하고 있다.

궁극적으로 양식어의 맛 · 선도가 문제시되고 있지만, "대체로 양식산은 지방이 많고 맛있지 않다"는 편견때문에 양식어 사료를 개량하고 있다.

각종 양식어의 사료와 병

어명	먹이	병명
방어	까나리, 멸치, 전갱이, 고등어, 꽁치	비브리오병 등 세균에 의한 것, 피부 및 아가미의 기생충, 생어 단독급이에 의한 VB_1결핍증
참돔	상동	비브리오병 등 세균에 의한 것, 피부충, 선충의 기생
넙치	젓새우, 까나리	바이러스병
전갱이	정어리	비브리오병
자주복	정어리, 좀새우, 배합 사료	바이러스병 , 아가미흡충의 기생
코호연어	드라이펠렛, 모이스트펠렛	세균성 신장병

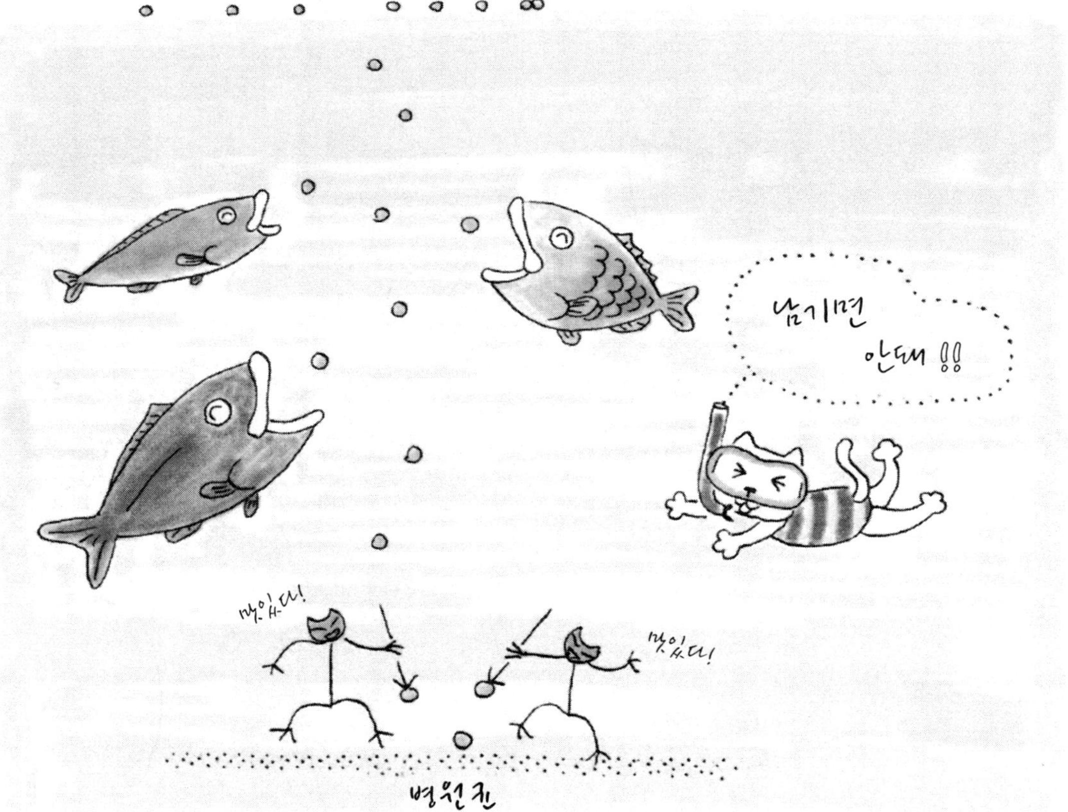

5) 양식어와 안전성

"식품의 구입기준 · 의식에 관한 조사"에서는 소비자가 국내산지 · 생산자를 의식해 구입하는 이유로서 "안전성이 높다"라는 응답이 70%를 나타내, "맛" 보다도 "안전성"을 요구한다는 것을 알 수 있다. 한편, 양식어의 세균성 질병치료를 위한 수산용 의약품 이용은 소비자에게 "양식어 약욕은 정말로 안전한가?"란 불안을 주고 있다. 수산용 의약품이 적정하게 사용되고 있다면, 양식어에 항생물질이 잔류하지 않지만, 소비자에 대한 잔류불안을 없애기 위한 양식어의 사육관리 정보가 충분하지 않다. 대부분의 경우, 수산용의약품의 적정 사용을 증명하는 기록이 남아 있지 않다. 이러한 문제는 양식어가 어떠한 사육관리에 의해 생산된 것인가 하는 양식어의 이력을 분명히 함으로서 해결할 수 있다.

1. 양식어의 생산정책

소비자에게 신뢰받는 안전성 높은 양식어를 생산하려면 생산이력이 분명한 양식어를 기르는 것이다. 거기에는 양식장의 환경기준에 관한 순서를 정해 적정한 사육환경에서 사육관리를 실시해, 적정한 약제의 사용순서를 결정해 약제잔류가 없는 것을 보장할 수 있는 사육관리가 중요하다.

2. 수산용의약품의 사용에 관한 사고방식

약제의 사용을 전면적으로 금지하는 것은 이상이며, 그 실현을 향하여 끊임없는 노력을 하는 것이 우선이다. 그러나, 일정한 생산량을 확보해 생산자의 공급책임을 완수하기 위해서 필요한 수산용의약품의 사용은 어쩔 수 없다. 이것을 부정하는 것은 수면 아래에서의 부적절한 약제사용을 일으킬 수 있다. 이것은 소비자에게 있어서 바람직하지 않은 사태를 일으키게 된다. 수산용의약품을 양식어에 투여하여 식품으로서 안전성을 해치는 것은 수산용 의약품이 양식어에 잔류했을 경우만인 것을 소비자는 이해해야 한다.

3. 수산용의약품의 사용에 관하여

수산용의약품의 사용은 생산자가 가장 조심해야 한다.

(1) 수산용의약품의 사용실태를 분명히 한다 : "투여 기록", "수산용의약품 관리부", "사육관리기록"의 기록을 남긴다.

(2) 투약했을 때 : ① "사육관리기록"의 작업내용에 투약이라고 쓴다. ② "사육관리기록"의 특이사항에 그 날에 투여한 약의 이름(상품명 또는 유효성분명)과 약의 양을 쓴다. ③ "수산용의약품 관리부"에는 "사용일"과 "사용량"에 투약중, 매일 기입한다. "재고량"에는, 전날의 재고량에서 그 날의 사용량을 공제해 매일 재고량을 기입한다.

(3) 투약 후 : ④ "투약기록"의 "투약개시일"에 투약을 시작한 날짜를 쓴다. ⑤ "투약기록"의 "투약종료일"에 투약을 끝마친 날짜를 쓴다. ⑥ "투약기록"의 "투여약제"에 투여한 약의 이름을 쓴다. ⑦ "투약기록"의 "투여량"에 투약기간 중에 투여한 약의 총량을 쓴다(사육관리기록의 매일 투여량을 합계해 기입한다). ⑧ "투약기록"의 "휴약기간"에 휴약기간을 쓴다(몇월 몇일부터 몇월 몇일까지).

양식어의 안전을 확보하기
위해서 제대로 관리되어야만 하는 것!

수산의약품 관리부를 쓰자!!

6) 포르말린과 양식복어의 기생충 방지

1. 양식복어의 생산

일본의 양식복어 생산은 1985년부터 시작되었다. 10년 후에는 약 4천톤을 넘는 급성장을 나타냈다. 심지어는, 중국이나 한국으로부터 1만톤이 넘는 싼 수입 복어의 출현에 의해 고급어였던 자연산 자주복의 가격도 급락했다. 방어 · 돔 양식업자가 시장가격이 높고 먹이가 싸고 성장률이 좋은 자주복 양식으로 전환했고 또한 1991년 이후, 양식 메뉴얼의 완성에 의해 수산청이 자주복 양식을 추진했기 때문이다. 양식 자주복은 쿠마모토, 나가사키, 카고시마, 에히메 등 방어 · 돔 양식지를 중심으로 한 서일본이 주된 산지이다. 자주복의 양식은 1～10g의 치어가 1년에 400g으로 성장해 반년 후 출하시에는 700g이상으로까지 급성장하는 것이 매력이었다. 그러나, 양식이 활발하게 되면서 양식밀도가 높아져 가두리내의 조류흐름이 나빠지고, 아가미흡충의 기생에 의한 병이 발생하게 되었다.

2. 아가미흡충의 발생과 소독

아가미흡충은 고밀도 양식복어의 아가미에게 기생해 흡혈 · 양분을 빼앗기때문에 복어의 성장이 멈춰 상품가치를 저하시킨다. 아가미흡충의 발생빈도가 높아짐에 따라 그 구제에는 독극법에서 독극물로 지정되어 있는 포르말린이 사용되게 되었다. 양식지에서의 아가미흡충 구제는 소독용 시트를 가두리에 봉합해 시트 중에 포르말린(40% 포름알데히드)을 투입해, 해수와 혼합해 이 안에 복어를 몰아넣어 일정시간 방치시켜 가두리에 되돌린다. 이 소독은 14일에서 20일에 1회의 간격으로 실시된다.

3. 수산청 통지

양식복어의 아가미흡충구제에 사용되고 있는 포르말린이 진주조개에서 8 ppm 검출되어 대량폐사의 원인으로 지적되어 복어양식에 포르말린이 사용되고 있는 것이 밝혀졌다. 게다가 복어의 육에서도 1.3 ppm 검출되어 양식 자주복에 포름알데히드가 잔류하여 시장에서 큰 문제가 되었다. 수산청에서는 1977년에 포름알데히드에 발암성이 있어서 장어양식에서 기생충 구제로 사용되던 포르말린의 사용을 금지했다. 그 후, 3회에 걸쳐 포르말린을 이용한 기생충 구제를 실시하지 못하게 통지하고 있다.

각 현에서는 식품의 안전 · 안심 대책을 추진하기 위해서 "자주복양식 적정화 대책협의회"를 설치하고, ① 포르말린 미사용의 철저, ② 자율 잔류검사의 실시, ③ 출하 정지 조치, ④ 생산 이력서의 의무화, ⑤ 새로운 아가미흡충 대책방법의 개발, ⑥ 포르말린의 건강 영향평가 회의의 시작 등의 검토가 실시되고 있다.

기생충도
없어져 기분이
좋다 !!

포르
말린
수영장

이 복어를 먹으면
나의 몸은
어떻게 되는 것일까 ?

음~~

7) HACCP이란?

HACCP이란 영어의 Hazard Analysis and Critical Control Point의 각 머리글자를 취한 약칭으로, "위해분석중요관리점"이라고 번역되고 있다. 위해란 식품과 함께 입에 들어갔을 때 배탈이 나거나 열을 내는 원인이 되는 것으로, 우주식량 개발연구의 과정에서 생긴 발상에서, "모든 식품위해를 미연에 없애거나 막기 위한 생각"이 HACCP의 기초가 되었다. 원래, 안전한 식품을 만들기 위한 위성관리의 방법이지만, 그 생각은 맛, 보기, 색조 등을 조화롭게 하기 위해서도 응용할 수 있다. HACCP은 다음 페이지의 그림에 있는 7 원칙과 5개의 순서가 필요하고, 이것을 아울러 "HACCP 도입을 위한 12 순서"라고 한다.

선어의 HACCP에 대해 생각해 본다. 미국의 "생선 및 수산제품의 HACCP 규칙"(21 CFR Part123, 강제법)이 세계 기준이 되고 있어 생선 및 수산물은 어육중의 히스타민함량에 근거해 그 기준치가 규정되고 있다. 선어의 경우, 아래 그림에 나타낸 것처럼 히스타민이 생성되는 레벨에서는 벌써 부패하고 있기 때문에, 선어로서의 상품가치는 거의 제로라고 해도 이상하지 않다. 따라서, 생성 히스타민양을 대체하는 지표가 필요하고, 필자들은 그 지표에 K값을 이용한다고 제창했다(참고문헌 7). 지금까지 해외에서는 생식의 습관이 없었기 때문에, K값은 일본에서의 기준치밖에 없었지만, 해외에서도 요즈음 볼 수 있는 건강식으로서 초밥 등의 신선한 수산물 지향의 고조와 함께 선어의 HACCP 기준도 변경해야 한다.

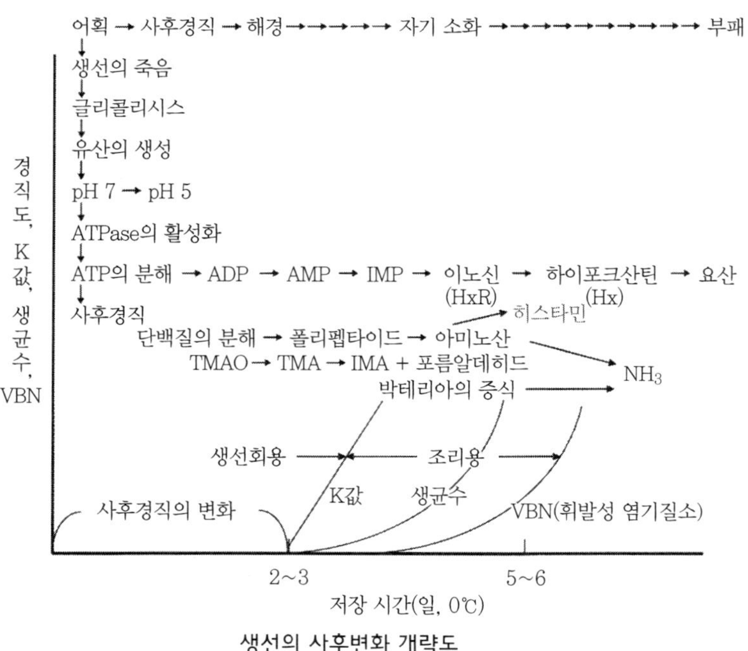

생선의 사후변화 개략도

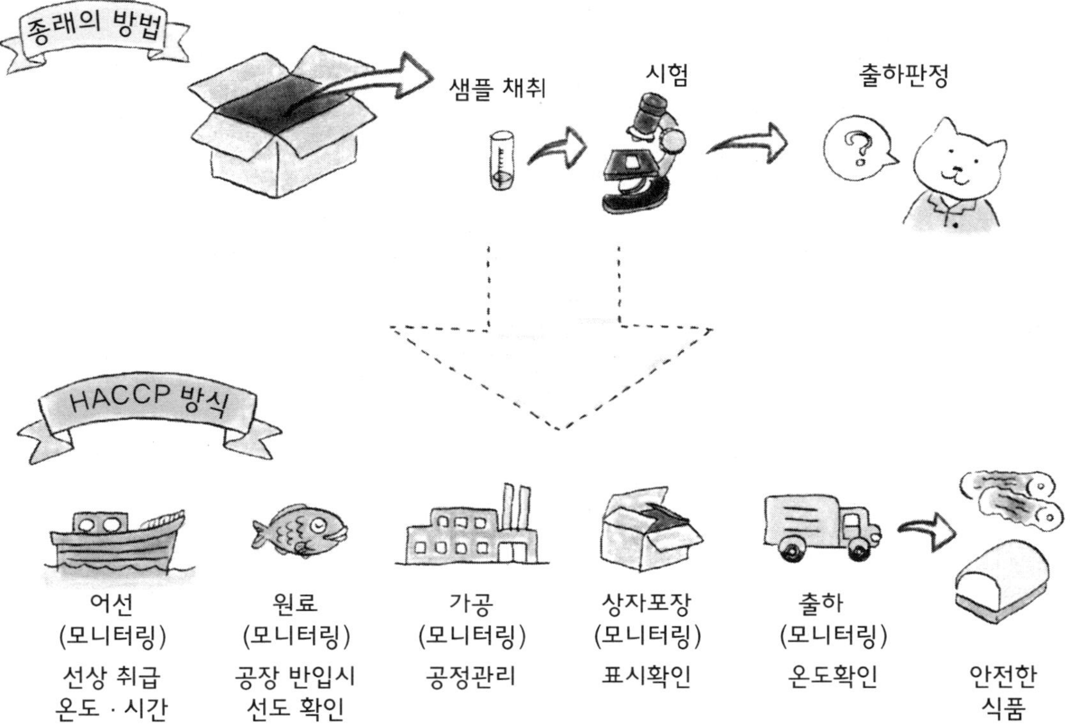
종래의 방법
샘플 채취
시험
출하판정
HACCP 방식
어선
(모니터링)
선상 취급
온도 · 시간
원료
(모니터링)
공장 반입시
선도 확인
가공
(모니터링)
공정관리
상자포장
(모니터링)
표시확인
출하
(모니터링)
온도확인
안전한
식품

① HACCP 팀 편성
② 제품에 대해 기술
③ 사용에 대해 기술
④ 제조공정일람도
시설의도면
표준작업순서의
작성
⑤ 현장 확인
HACCP 방식
시스템의
12 순서
⑥ 위해 분석
⑦ 중요 관리점의 설정
⑧ 관리 기준의 설정
⑨ 모니터링 방법의
설정
⑩ 개선 조치의 설정
⑪ 검증 방법의 설정
⑫ 기록 및 각종 문서의
보존

8) 진공 포장 식품

품질보존기간 연장과 최근의 개식화(個食化)의 촉진에 따라, 생선도 산지에서 가공하여 포장해 유통되어 소비지까지 도착되는 형태가 많아졌다. 포장식품의 변질에 관여하는 중요한 요인의 하나로서, 식품성분의 산화, 갈변, 퇴색 등의 화학변화에 의한 것이 있다. 이것에는 산소가 관여하고 있기 때문에 포장지 내의 가스농도 조절에 의해 품질보존을 도모하는 포장방법이 개발되고 있다. 그것들에는 포장지내를 진공으로 하는 진공포장, 포장지내의 공기를 이산화탄소나 질소가스로 치환하는 가스치환포장, 또한 산소, 이산화탄소, 질소 등의 농도를 인위적으로 조절하는 MA(Modified Atmosphere) 포장이 있다. MA포장은 축육이나 선어 등에 이용되지만, 청과물이라도 청과물의 호흡작용을 이용해 가스환경을 제어하는 선도보존포장이 있다. 가장 저비용으로 종래부터 널리 이용된 진공포장이란 가스 차단성이 뛰어난 포장필름을 이용해 내용물을 진공 또는 감압 밀봉하는 공정의 포장형식이며, 현재에도 햄, 소시지 등의 가공육, 수산연제품이나 선어, 건어물이나 절임물 포장에 널리 이용되고 있다. 진공포장에 의해 2차 오염의 방지나 보존시의 정리정돈 등의 관리성이 기대되고, 운반성이 향상되는 장점이 있지만, 모양이 압축되거나 드립이 나오는 결점이 지적되고 있어 최근에는 보다 나은 선도보존을 목적으로 한 가스치환포장이나 탈산소제를 병용한 방법으로 전환되고 있다. 식품포장의 또 다른 중요 목적은 미생물에 의한 부패방지이다. 각종 가스환경에서 미생물의 생육 · 증식에 대한 조사를 해 미생물 증식에 미치는 산소농도나 이산화탄소의 영향이 밝혀지고 있다. 식품의 제조로부터 포장에 이르기까지의 공정을 무균화하여 미생물오염에 의한 변질을 방지하는 방법의 무균화포장 · 무균충전포장도 최근 각종 식품에 응용되고 있지만, 진공포장이나 탈산소제의 사용에 의해 생성되는 혐기조건하에서는 혐기성 식중독균의 생육에 의한 사고의 발생도 주의를 필요로 한다.

홈페이지로부터 사진인용
(http://store.yahoo.co.jp/isomaru2005/a4a2a4b8.html)

산화를
막아 줄게요!

9) 탄 음식과 발암, 디제로신, 변이원, 니트로소아민

생선구이 "눌음"의 발암성 물질은 아미노산의 하나인 글루타민산에서 Glu-1-p나 Glu-p-2라고 하는 변이원성 물질(상당히 높은 확률로 암을 발생하는 물질)이 가열을 통해 생성된다. 또한, 디제로신은 히스타민 또는 유리히스티딘과 단백질의 리진잔기가 가열에 의해 결합해 생성된다. 디제로신은 간단하게 말하면 병아리의 위에 구멍을 뚫는 물질이며, 닭의 먹이인 어분의 건조가열시에 생성해, 이것을 먹은 병아리가 많이 죽는 사고가 발견되었다. 그 후의 연구로 선도 나쁜 생선의 잔재로부터 만든 어분일수록 디제로신의 생성량이 많은 것도 밝혀졌다. 또한, 고등어 된장조림 통조림의 살균온도를 고의로 높게 하면(121℃, 80분), 변이원물질이 생성되었고, 가다랑어포에서는 극히 미량의 디제로신이 검출되었다.

더한 문제로서는 섭취한 식품이 체내에서 대사되어 새롭게 생성된 대사산물이 인체에 유해물질이 될 수도 있다.

하나의 사례를 보면 식품 중 유리 상태로 존재하는 아질산근은 그렇게 많지 않지만, 일반적으로 야채중에 많이 포함되어 있는 질산근은 생체내 미생물에 의해 환원되어 아질산근으로 변화한다. 예로 순무의 쥬스(NO: 5,000 ppm)를 30℃로 유지해, 이것을 오징어 젓갈과 함께 몰모트의 위내에 투여하면, 아질산근이 오징어에 포함되어 있는 디메틸아민과 작용해, 강렬한 발암성을 가지는 N-니트로소디메틸아민이 생성한다고 한다.

그런데, 식품중에 유해물질이 다량으로 존재하면 그것은 물론 유해하다. 식품중에 미소량의 유해물을 인정했을 때 과연 그 식품은 안전한가. 거기에는 그 물질 고유의 독성, 식품을 통한 섭취량, 식품중에서의 존재형태, 식품중에 있어서 공존물질, 생태의 응답력 등을 종합판단해 결정해야 한다.

$HOOCCH_2CH_2CH(NH_2)COOH$ — 가열 → Glu-P-1 (CH_3, NH_2), Glu-P-2 (NH_2)

글루타민산　　　　이변원물질의 생성

히스타민 + 리진 — 가열 → 디제로신

$HC{=}CCH_2CH_2NH_2$ (imidazole ring: N, NH, C–H) + $CH_2(NH_2)CH_2CH_2CH_2CH(NH_2)COOH$ — 가열 → $HC{=}CCH_2CH_2NHCH_2CH_2CH_2CH_2CH(NH_2)COOH$ (imidazole ring: N, NH, C–H)

히스타민　　리진　　디제로신

디제로신의 생성

HNO_3 — 세균에 의한 환원 → HNO_2　,　$2HNO_2 \rightleftarrows N_2O_3 + H_2O$

디메틸아민　　　　N니트로소디메틸아민

$(H_3C)_2NH + N_2O_3 \longrightarrow (H_3C)_2N\text{-}N{=}O + HNO_2$

N니트로소디메틸아민의 생성

10) 통조림, 어묵, 조림의 칼슘과 인의 양

최근, 골조송증이라고 하는 뼈가 약한 사람이 증가했다고 하는 이야기를 가끔 듣는다.

인(P)의 과도섭취가 칼슘(Ca)의 체외배출을 늘려 장에서의 칼슘흡수를 줄이기때문에 이것을 보충할 수 있도록 뼈로부터 칼슘이 방출되어 뼈가 약해진다고 한다.

일반적으로 생각할 수 있는 것은, 단백질의 섭취와 함께 인의 섭취량이 증가한(단백질 100g에는 약 1.4g의 인이 포함되어 있다) 결과, 소변이나 대변으로의 칼슘배출량이 증가할지도 모른다. 그렇지만, 일반 식사에는 인섭취량이 1.3g인데 비해 필요한 인량은 1.2g이며, 일본인의 경우, 과부족은 없다고 여겨지고 있다. 오히려 걱정되는 것은 가공식품의 첨가물에는 인이 과용된다는 것이다. 식품중의 칼슘과 인 비율은 1대1 내지 2가 바람직하고, 그 이상으로 인 비율이 높아지면 칼슘의 이용률이 나빠진다. 가공식품, 인스턴트식품, 청량음료수 등에는 글리세롤린산, 산성피롤린산, 폴리인산, 콜린인산 등이 포함되므로, 칼슘과의 비율이 파괴되고 있다고 생각할 수 있고, 어떻게 영양 밸런스를 유지하는지가 중요하다.

덧붙여서, 인간을 구성하고 있는 칼슘과 인의 양은 질소, 수소, 탄소, 산소(이것들로 95%이상) 등을 포함하여 생각하면, 칼슘 1.8%, 인 1.0%이다(칼륨 0.35%, 나트륨 0.15%, 철 0.006%).

또한, 인간이나 물고기를 둘러싼 환경중의 칼슘이나 인의 양은 아래 표에 나타냈다. 생선을 먹고 있으면 칼슘이나 인은 충분히 보충할 수 있다는 것을 알 수 있다.

환경중의 칼슘이나 인의 양(단위 : ppm)

	하천수	해수	인간	생선
칼슘	1,500	4.2×10^5	13,800	52,000−70,000
인	20	70	6,300	5,700−9,500

수산가공식품에 포함되는 칼슘, 인의 양

(단위 : mg/100 g)

수산 가공 식품	칼슘	인
어육 소세지	100	200
어육 햄	45	50
어육 튀김	60	70
어묵 (はんぺん)	15	110
어묵 (なると)	40	50
어묵 (だて巻き)	25	120
구이생선살 꼬치구이	15	110
찐 어묵	25	60
전갱이 양념통조림	45	300
가다랑어 양념통조림	310	420
고등어 된장조림통조림	190	250
망둥어 익힘	1,800	980
대합 익힘	220	280
가리비 조림	50	190
오징어 젓갈	35	250

11) 해산물 조림은 왜 부패하지 않는가~수분활성, 염장, 건어물, 훈제~

해산물 조림은 작은 생선, 패류, 새우류, 다시마 등을 간장과 설탕을 주체로 하는 조미료로 익힌 제품으로, 단조림, 생강조림, 물엿조림, 간장조림 등도 여기에 포함된다. 토쿠가와시대에 에도의 어부가 작은 생선의 보존법으로서 창제했다고 전해지고 있다. 해산물 조림은 ① 원료를 통째로 이용할 수 있다, ② 그대로 먹을 수 있다, ③ 휴대가 편리한 장점이 있다.

또한, 해산물 조림은 간장과 설탕을 주체로 하는 농후한 조미액에서 수분이 25~30%가 될 때까지 100~120℃로 익히기 때문에, 내열성 아포 이외의 세균은 사멸하고, 제조 후 세균이나 곰팡이가 부착해도, 염분이 10%전후, 당분이 약 50%나 있어 수분활성*(Aw)이 낮으므로(0.65~0.85) 위해증식이 억제되어 장시간 보존할 수 있다. 최근에는 식염섭취량의 저감화 경향으로 해산물 조림도 감염경향이 있어 예전의 제품과 같은 보존성은 기대할 수 없는 것도 늘고 있다.

그런데, 수분활성이 낮은 조건하에서 미생물은 번식할 수 없다. 수분활성이 낮은 식품일수록 보존성이 우수해 진다.

수분활성이 0.99~0.98로 높은 식품군은 부패하기 쉽고 신선한 어패류, 야채, 식육, 계란 등이 여기에 해당한다. 어묵 등 가공식품의 수분활성은 생선식품보다 낮고 보존성이 조금 좋다. 염분이나 당분을 포함한 명란젓이나 잼 등은 수분활성이 한층 더 낮다. 건멸치나 크래커, 향신료에서는 수분활성이 0.6 미만이 되어 어떤 미생물도 번식할 수 없게 된다.

어육 소세지나 특수포장된 식품을 보존하는 경우 10℃ 이하에서 유지하도록 정해져 있지만, pH5.5 이하, 수분활성 0.94 이하의 제품은 이 보존조건을 지키지 않아도 된다고 식품위생법으로 정해져 있다.

*** 수분활성**

식품에 포함되는 자유수의 비율을 나타내는 지표. 자유수란 온도, 습도의 변화에 의해 쉽게 증발, 이동할 수 있는 물이며 간단히 유리해 식품중의 가용성 성분을 용해시킬 수 있는 물. 한편, 식품중의 결합수는 단백질이나 다당류와 결합하고 있는 물이고, 속박된 상태로 존재하는 물도 있다.

에도시대전의
해산물 조림입니다~!

다시마 조림

산나물과 모시조개

가다랑어 조림

김 조림

에도시대의 해산물 조림

까나리 조림

12) -1 통조림 이론 (I)

생선의 선도저하 또는 부패가 진행하는 것은 보존온도, 공기(산소), 수분이 화학반응을 촉진하거나 세균, 효모, 곰팡이 등의 미생물 번식을 조장하기 때문이다. 따라서, 선도 좋은 물고기를 그대로 장기 보존하려면 일반적으로 동결한다. 왜냐하면, 저온으로 하면 산소나 수분이 있다 해도 화학반응은 지연되고, 미생물의 증식도 억제되기 때문이다. 그러나, 장기보존이라고 해도 이것이 1년 이상 되면 동결법에는 비록 미생물의 증식이 억제되어 화학반응이 지연한다 해도, 서서히 생선의 수분이 증발해, 건조를 일으키거나 지질산화를 일으키므로 이미 선도 좋은 상태는 아니고, 나아가서는 익히거나 구워도 맛이 없고 생선회로는 당연히 먹을 수 없다.

그런데, 선도가 좋다고 하는 것은 생선회로 먹을 수 있다고 하는 의미이기도 해, 이것은 맛있게 먹을 수 있다고 하는 의미이기도 한다. 그렇다면 견해를 달리해 맛있는 장기 보존법은 없는 것일까.

일찍이, 나폴레옹은 병사의 사기를 높이기 위해서는 맛있는 것을 먹이는 것외에는 없다고 생각해 고기의 염장품이나 건조품을 대신하는 신선하고 맛있으며 영양 풍부한 "휴대용식품"을 공모했는데, 과자가게의 직원인 니콜라스 · 아페르가 완전밀폐 용기(이 경우 병에 코르크마개였다)에서 충분히 가열하면, 열지 않는 한 안의 식품은 안전한 것을 제안해 상금 12,000 프랑을 획득했다. 그 후, 영국인 피터 · 듀란드가 양철캔을 개발해 현재의 통조림 원형이 완성되었다.

일본에서 통조림이 만들어진 것은 1871년으로, 나가사키의 한 사람이 정어리 통조림을 만든 것이 시작이었다. 그 후, 일본은 청일전쟁(1894), 러일전쟁(1904)에 돌입했지만, 나폴레옹의 생각과 마찬가지로 병사들의 식품으로서 통조림의 수요는 급격히 성장했다. 그 후, 게통조림이 외화 벌이의 달러박스가 되었다. 그러나, 수출한 게통조림이 연이어 반품되는 사건이 일어났다. 개관하면 게육이 파랗게 착색하였던 것이다. 게의 혈액은 헤모시아닌이라고 해 가열하면 푸른 색을 나타낸다. 따라서, 탈색하지 않으면 푸른 색을 나타내게 된다. 그래서 미리 게육을 100℃정도에 가열하면 육단백질은 열응고하지만, 혈액은 응고하지 않기 때문에 유출한다. 그 후 이것을 통조림에 채워 110~115℃로 재가열 살균한다. 이것을 게통조림의 2단자숙법이라 하여, 이 방법으로 당시의 난문을 훌륭히 해결했다.

나폴레옹

내 사전에
공복이라고 하는 문자는
없다!

12) -2 통조림 이론 (Ⅱ)

생선의 통조림은 조리 후, 고기채움−탈기 · 밀봉−살균 · 냉각−포장의 흐름에 따라 제조되는데 탈기 · 밀봉 공정에서는 가능한 한 공기를 없애는 동시에 밀봉하므로 통조림 안은 감압이 된다. 살균 · 냉각 공정은 열에 강한 세균의 아포까지 죽이기 위해 105~115℃로 30분 이상 가열한다. 보통, 물은 데워도 100℃밖에 되지 않지만, 레토르트라고 하는 압력솥 안에 탈기 · 밀봉한 통조림을 넣어 압력을 1.7 기압으로 하면 증기의 온도는 115℃까지 상승한다. 다음 페이지의 그림에 나타낸 것처럼, 물은 1 기압 100℃에서 끓지만(지상), 후지산 정상(0.7 기압)에서는 91℃에서 끓는다.

그런데, 레토르트로부터 꺼낸 직후의 캔은 115℃가 되어 있기 때문에, 1 기압 이상의 내압이 밖을 향하게 된다. 한편, 통조림의 뚜껑에는 주름진 동그라미가 그려져 있다. 이것은 엑기스팬션링이라고 해서, 캔의 내압을 이 뚜껑에 펴지게하는 것에 의해 흡수하는 것이다. 따라서, 가열살균 후, 즉 레토르트로부터 꺼낸 다음은 재빠르게 캔을 냉각한다. 이것은 팽창한 채로 방치하면 뚜껑의 권합계부분 등이 파손할 우려가 있기 때문이다.

참치 통조림의 경우, 공칼이라고 해 익혔을 경우에 몸분열을 일으키지 않게 칼집을 넣어, 레토르트를 이용해 참치를 통째로 익힌다. 다음에 참치를 4등분 해, 피부, 적색육, 뼈를 제외해(이것을 클리닝이라고 부른다), 1캔 당 참치 2호캔에 고기를 약 155g, 소금 약 2g, 사라다유 약 43g을 첨가해, 캔내용물 중량을 200g으로 한다. 이상의 공정이 조리 · 고기채움 공정으로, 그 다음은 미리 말한 대로이다.

가장 맛있는 시점은 소금이나 기름이 충분히 육내에 스며들기까지 시간이 걸리므로, 제조 후 반년 지났을 무렵이 좋다고 생각된다. 그 후 3년 정도는 충분히 맛있게 먹을 수 있다. 캔의 뚜껑표면에 아래와 같이 쓰여있으면, YN은 황다랑어, 4는 기름의 종류, 940806은 1994년 8월 6일에 제조된 것을 나타낸다. 덧붙여서 기름의 종류에서 0은 올리브유, 1은 면실유, 2는 콩기름, 3은 옥수수유, 4는 기타를 나타낸다.

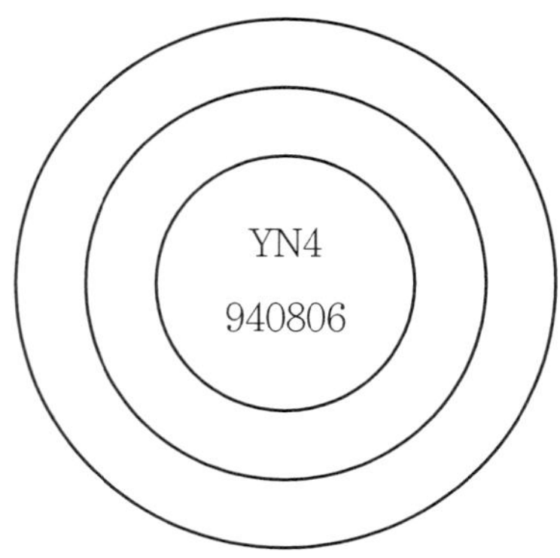

물의 증기압 곡선

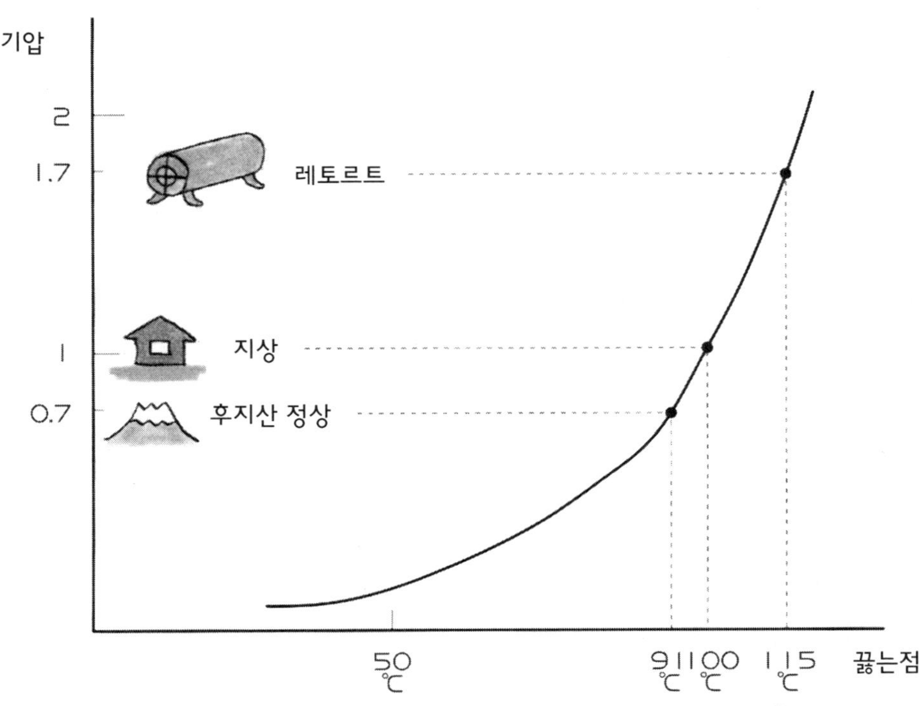

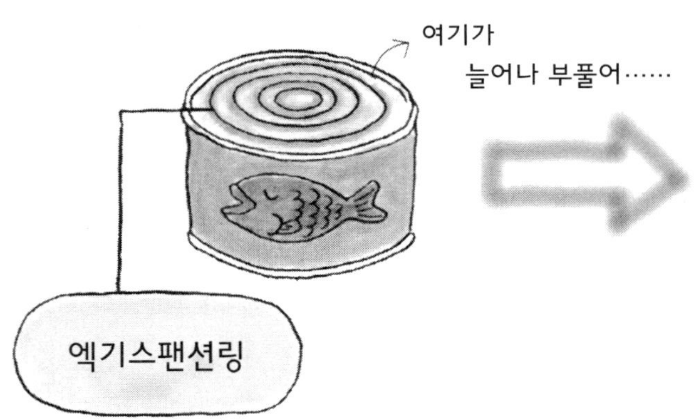

레토르트부터 꺼낸
직후의 캔을 바로
옆에서 본 것.

13) 냉동 으깬 어육, 어묵

냉동 으깬 어육과 게 다리 어묵의 신기술은 어육 연제품업계에 심대한 공헌을 한 기술이다. 냉동 으깬 어육은 1960년에 홋카이도에서 개발되어 지방의 생선을 처리하고 있던 가내공업으로부터 대규모 지역공업으로 발전해, 이러한 기술은 세계적으로도 주목받아 "SURIMI"로 통용되게 되었다.

냉동 으깬 어묵의 품질은 단백질이 변성하지 않은 상태를 어느 정도 유지하고 있는가에 좌우된다. 즉, K값으로 평가되는 활력이 아니고, 단백질의 안정성(원료어의 선도)이 냉동 으깬 어육의 등급에 크게 관여하고 있다 [제5장 2) 참조]. 냉동 으깬 어육은 으깬 어육을 제조하는 장소에 의해 해상 으깬 어육과 육상 으깬 어육의 2 종류로 나눌 수 있지만, 해상 으깬 어육은 어획 후 수시간 이내에 트롤선내의 공장에서 가공처리하기 때문에 선도가 상당히 좋은 상태이며, 연제품으로 가공하면 탄력이 강하고 훌륭한 품질의 제품으로 완성된다. 한편, 육상 으깬 어육은 어획 후 트롤선내의 창고에서 몇일간(최고 10일간) 보관하다 육상의 공장까지 운반되고 나서 으깬 어육으로 가공된다. 운송중에 선도가 저하해 어육단백질은 변성하고 연제품으로 가공하면 그 품질은 해상 으깬 어육의 품질에 비해 탄력이나 휘어짐이 부족하다.

냉동 으깬 어육은 선도에 따라 등급이 달라진다. 해상 으깬 어육에서는 어획 후의 경과시간이 적은 차례로 SA ＞ FA ＞ AA ＞ RA 등의 알파벳 기호로 단계별 표시하고, 육상 으깬 어육에서도 어획 후의 경과시간에 따라 1급 ＞ 2급의 2단계로 표시하고 있다. 따라서, 으깬 어육의 품질을 나타내는 등급은 어획부터 가공처리까지의 시간에 따라 설정되어 있어 각각의 선도의 상위를 나타내고 있다.

그러나, 원료의 어종, 으깬 어육 제조사, 저장온도나 기간 등이 다르면 표시되고 있는 품질과 실제의 품질이 일치하지 않는 것이 있으므로, 사용시에 실제 품질을 판정해 그 결과에 대한 대처가 요구된다.

냉동 으깬 어육의 품질 판정 체크 항목으로서 ① 으깬 어육 : pH, 수분, 백도, 흑피, ② 혼합할 때 : 촉감, 윤기, 찰기, ③ 가열젤 : 탄력, 식감(윤기, 매끄러움, 찰기, 탄력) 등, 일정한 메뉴얼대로 측정해, 그 데이터를 축적하는 것에 의해 정확히 실시할 수 있다.

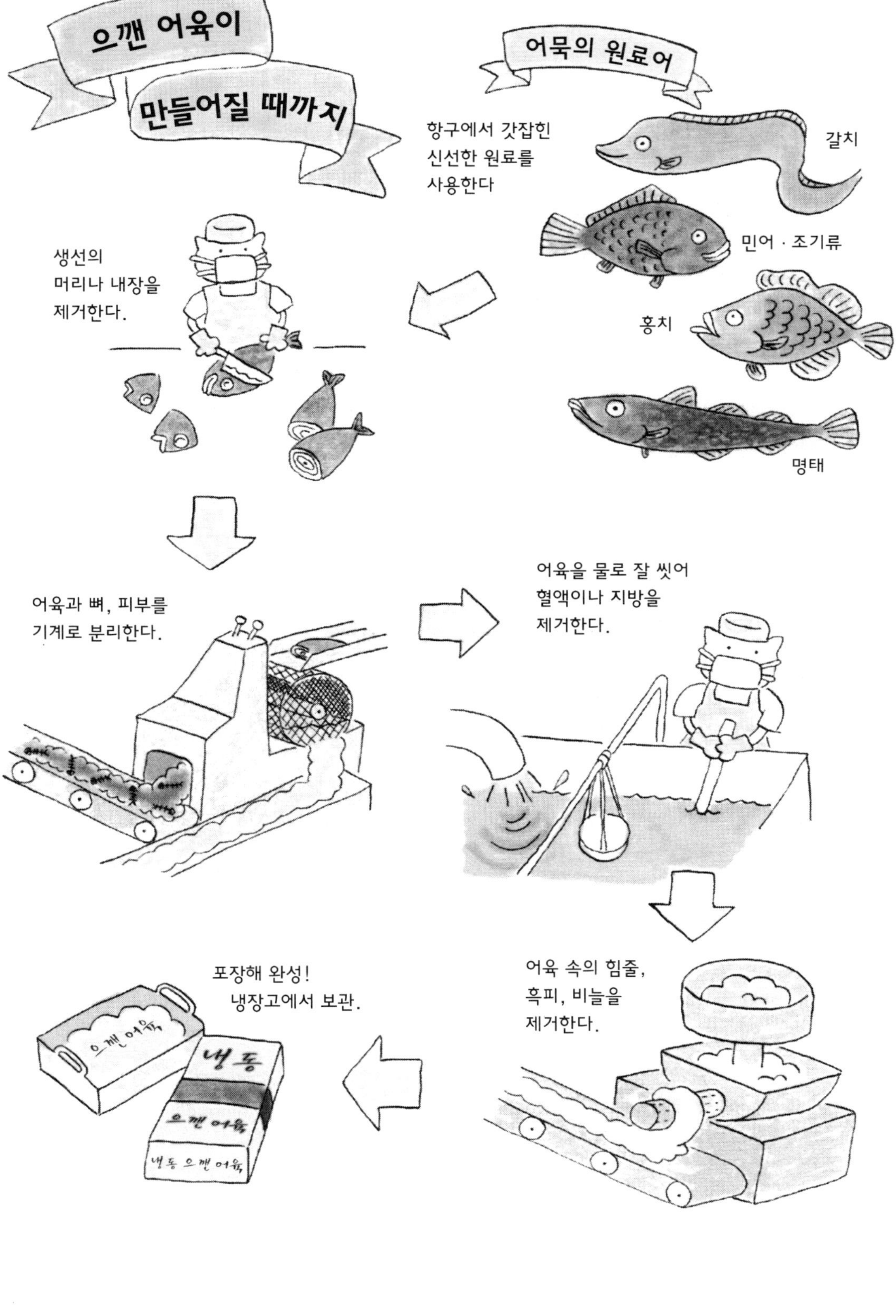

으깬 어육이 만들어질 때까지

어묵의 원료어

항구에서 갓잡힌
신선한 원료를
사용한다

갈치

민어 · 조기류

홍치

명태

생선의
머리나 내장을
제거한다.

어육과 뼈, 피부를
기계로 분리한다.

어육을 물로 잘 씻어
혈액이나 지방을
제거한다.

어육 속의 힘줄,
흑피, 비늘을
제거한다.

포장해 완성!
냉장고에서 보관.

14) 가다랑어포의 지질 산화방지

가다랑어포는 생가다랑어를 익히고, 훈제, 건조 후, 곰팡이를 붙인 세상에서 가장 딱딱한 건조품이다. 가다랑어포의 원형이라고 생각되는 것은 일본 고서적 "古事記"에 등장하지만, "堅魚(분물고기)"라고 불려, 말린 가다랑어라고 생각된다. 말린 가다랑어에 훈제라는 기술이 도입되고 가다랑어포가 생긴 것은 무로마치시대(1338~1573)에 들어오고 나서이다.

가다랑어포의 가다랑어는 지방성분 2% 전후 것이 최적으로 되어 있다. 지방성분이 많은 가다랑어를 이용하면 향기, 맛도 부족하고, 국물도 탁해진다. 한편, 극단적으로 지분이 낮으면 맛이 부족해진다.

가다랑어포는 우선 가다랑어의 포를 떠 익혀서 열응고성 단백질을 완전하게 응고시킴과 동시에 어육중의 자기소화효소를 실활시킨다. 이것이 "설마른 가다랑어포"이다. 다음에 장작으로 훈제를 실시한다. 이것은 가다랑어 표면의 수분을 없애 가다랑어포 특유의 향기를 부여함과 동시에 훈제중의 유기화합물(페놀, 알데히드, 산류 등)에 의해 표면이 살균된다. 일반적으로 어육은 불포화지방산을 많이 포함하여 기름이 산화하기 쉽지만, 훈제중의 페놀류가 산화방지제로서 산화를 억제한다. 수분량이 20% 정도가 되도록 이 작업을 십여 차례 반복한다.

훈제가 끝난 것은 표면이 타르로 덮여 흑갈색을 나타내 가다랑어포의 원료가 된다. 표면의 타르를 깎아 떨어뜨리고 여기에 곰팡이(유로티움속)를 붙여 수분량을 15% 전후까지 감소시킨다. 이 곰팡이 붙임을 3회에서 5회 정도 한다. 이 뛰어난 곰팡이를 표면에 붙여 불량 곰팡이의 번식을 억제해 곰팡이가 생산하는 단백질분해효소(프로테아제), 지방분해효소(리파아제)는 가다랑어포 특유의 향기와 맛을 증가시킴과 동시에 지방분해효소(리파아제)는 지방성분을 분해하기 때문에 맑고 투명한 국물을 만들어 낸다. 또한, 곰팡이 자신이 만드는 항산화물질(코우지산 등)은 가다랑어포 표면의 산화를 방지한다. 다만, 깎은 가다랑어포는 매우 산화하기 쉽기 때문에 주의를 요한다.

가다랑어포는 불량 곰팡이의 발생 원인이 되는 습도, 해충에 약하기 때문에 폴리에틸렌 봉지 등으로 밀봉해 냉장고에 보관한다.

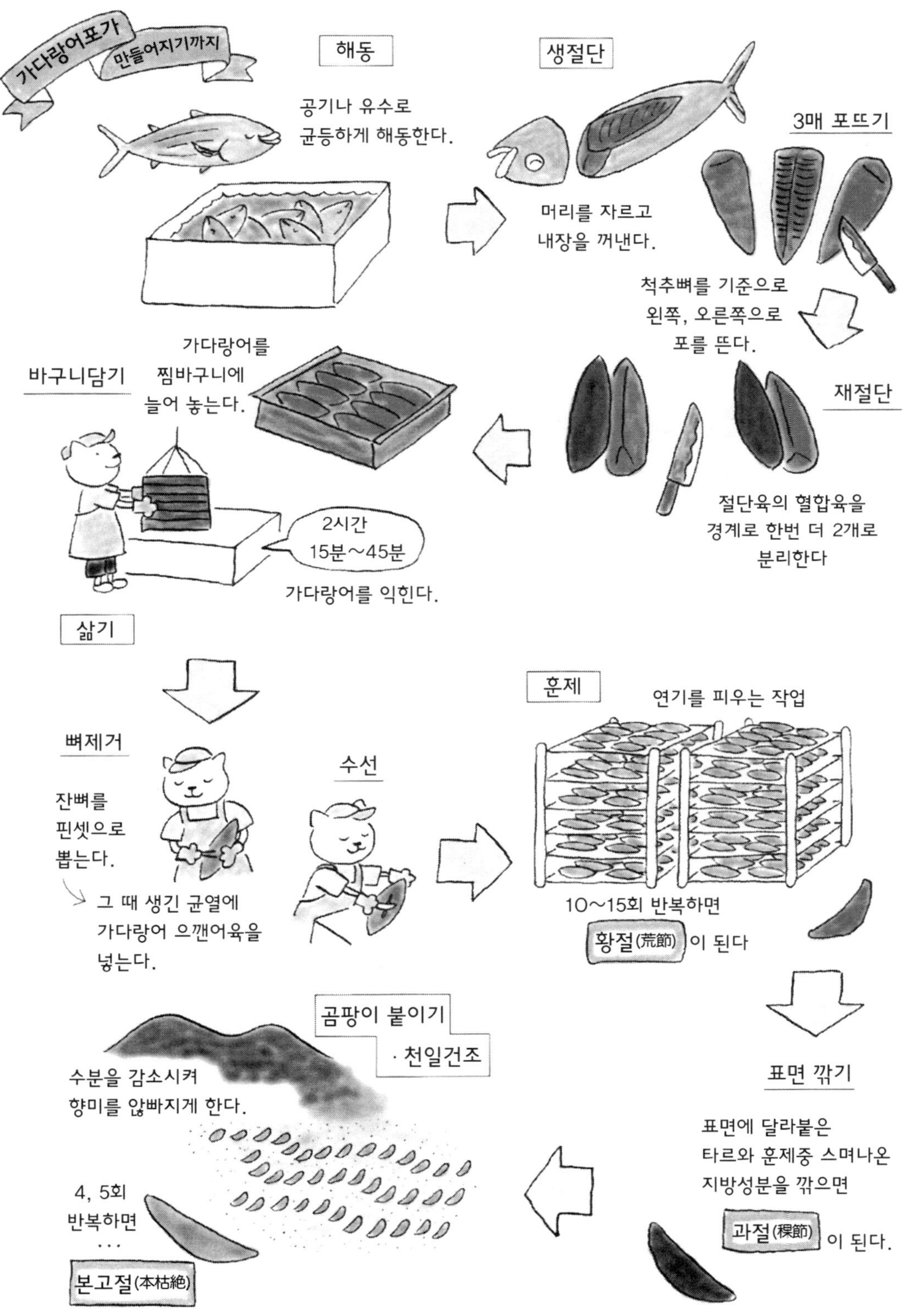
가다랑어포가
만들어지기까지
해동
공기나 유수로
균등하게 해동한다.
생절단
머리를 자르고
내장을 꺼낸다.
3매 포뜨기
척추뼈를 기준으로
왼쪽, 오른쪽으로
포를 뜬다.
재절단
절단육의 혈합육을
경계로 한번 더 2개로
분리한다
바구니담기
가다랑어를
찜바구니에
늘어 놓는다.
2시간
15분~45분
가다랑어를 익힌다.
삶기
뼈제거
잔뼈를
핀셋으로
뽑는다.
그 때 생긴 균열에
가다랑어 으깬어육을
넣는다.
수선
훈제
연기를 피우는 작업
10~15회 반복하면
황절(荒節) 이 된다
표면 깎기
표면에 달라붙은
타르와 훈제중 스며나온
지방성분을 깎으면
과절(稞節) 이 된다.
곰팡이 붙이기
· 천일건조
수분을 감소시켜
향미를 않빠지게 한다.
4, 5회
반복하면
...
본고절(本枯絶)

15) 수산가공품으로 보는 보존지혜~오징어먹물, 말린 자반 갈고등어, 붕어초밥, 발효, 당절임~

1. 오징어먹물의 방부효과

오징어먹물은 수용성 멜라닌색소로 멜라노프로테인으로서 존재한다. 불똥꼴뚜기나 오징어의 먹물은 저장성이 뛰어나지만, 오징어 먹물에는 방부효과를 가지는 용균단백질리조티움에 유사한 단백질이 포함되어 있는 것이 밝혀지고 있다. 한편으로 멜라닌은 새우의 흑변, 양식 참돔의 흑화, 넙치의 백화라고 하는 현상에 관여하고 있다고 한다.

2. 말린 자반 갈고등어

원료어(갈고등어, 날치)의 내장을 제거해 물로 씻고 피를 뺀 것을 "자반 갈고등어액"에 침지해(10~20시간), 물로 씻은 후 햇볕 건조한 것으로 니이지마, 오오시마, 하치죠지마의 특산품이다. 이른바 염건품과의 차이는 "자반 갈고등억액" 인가 "소금물"인가이다. 자반 갈고등어액은 선조 대대 수백년에 걸쳐 같은 액이 사용된 것으로(처음에는 소금물이였다고 추측한다), 그 중에는 다양한 유기산, 미생물이 존재해, 자반 갈고등어가 염건어에 비해 보존이 잘되는 것은 주요세균의 천연항생물질 생산이나, 일반부패세균이 번식할 수 없는 것 등의 이유가 있다.

3. 붕어초밥

시가현의 특산품으로 독특한 풍미를 가지고 있다. 제조법은 전처리 한 원료어(붕어)를 통에 늘어놓고 식염을 뿌려 몇 층 겹겹이 쌓아 누름돌을 올려 소금절이한다(1년간). 그 후 소금을 씻어 내어, 소금을 혼합한 쌀밥을 생선의 내부에 채워 통에 쌀밥과 생선을 교대로 채워 넣어 누름돌을 올려 다시 1년간 숙성시킨다. 소금절임 공정은 어육중 부패균의 증식을 억제해, 자기소화의 진행을 억제한다. 또한 육중으로부터의 탈수효과도 있다. 쌀밥공정에서는 유산균의 증식이 현저하고, pH의 저하에 따라 호기성균은 10^3/g이하까지 감소하는 것이 확인되고 있다.

참고문헌

제1장

(1) 松原喜代松, 落合 明, 岩井 保 : 『魚類學』 恒星社厚生閣 (1965)

(2) 川本信之 : 『魚類生理生態學』 恒星社厚生閣 (1959)

(3) 日比谷 京 編 : 『魚類組織図說』 講談社サイエンティフィク (1989)

제2장

(1) 野口 敏 : 『冷凍食品を知る』 丸善 (1997)

(2) 藤井建夫 : 『塩辛·くさや·かつお節』 恒星社厚生閣 (1992)

제3장

(1) 渡邊悅生 編 : 『魚介類の鮮度判定と品質保持』 恒星社厚生閣 (1995)

(2) 食品腐敗変敗防止研究会 編 : 『食品変敗防止ハンドブック』 (株) サイエンスフォーラム (2006)

(3) 鴻巣章二 監修, 阿部宏喜, 福家眞也 編 : 『魚の科學』 朝倉書店 (2004)

(4) 小泉千秋, 大島敏明 編 : 『水産食品の加工と貯藏』 恒星社厚生閣 (2005)

제4장

(1) 野口 敏 : 『冷凍食品を知る』 丸善 (1997)

(2) Y. J. Chu, N. Arakawa, T. Kurata, M. Matsubara, M. Takuno : Nippon Shokuhin Kogyo Gakkaishi, 35, 9, 640 (1998)

(3) N. Arakawa : J. Home Econ. Jpn., 41, 10, 947 (1990)

(4) 瀬戸美江, 藤本健四郎 : 調理科學, 27, 2 (1994)

(5) 宅野雅巳, 太田靜行 : 油化學, 39, 409-413 (1990)

(6) 濱田 (佐藤) 奈保子, 小林武志, 今田千秋, 渡邊悅生 : 日本食品科學工學會誌, 49, 765 (2002)

(7) 內山 均, 江平重男, 加藤 登 : 家政學雜誌, 39, 12 (1974)

제5장

(1) 渡邊悅生 編 : 『魚介類の鮮度と加工·貯藏』 成山堂書店 (1998)

(2) 大熊廣一, 高橋仁志, 關向修一, 渡邊悅生 : 日本食品科學工學會誌, 38 (11) 1019 (1991)

(3) H. Okuma, H. Takahashi, S. Yazawa, S. Sekimukai, E. Watanabe : Analytica Chemica Acta, 260, 93 (1992)

(4) H. Okuma, E. Watanabe : Biosensors and Bioelectronics, 17, 367 (2002)

(5) 須山三千三, 鴻巣章二 編 : 『水産食品學』 恒星社厚生閣 (1996)

(6) 小泉千秋 編 : 『水産物のにおい』 恒星社厚生閣 (1989)

(7) 太田靜行 : 『水産物の鮮度保持』 筑波書房 (1991)

(8) 山中英明 : 冷凍, 64 (740) 84 (1989)

(9) 鴻巣章二, 橋本周久 編 : 『水産利用化學』 恒星社厚生閣 (2000)

(10) 李 寧俊, 遠藤英明, 林 哲仁, 渡邊悅生 : 日本水産學會誌, 58 (11) 2039 (1992)

(11) 齊藤貢一, 望月惠美子 : 月刊フードケミカル, 7, 115 (1994)

(12) M. Ohashi, F. Nomura, M. Suzuki, M. Otsuka, O. Adachi, N. Arakawa : J. Food. Sci., 59, 3, 519 (1994)

(13) 鴻巣章二 監修, 阿部宏喜, 福家眞也 編 : 『魚の科學』 朝倉書店 (2004)

(14) 山中英明, 松本美鈴 : 食品衛生學雜誌, 30 (5) 396 (1989)

(15) 中村邦典, 藤井 豊, 石川宣次 : 東海區水産研究所研究報告, 17, 176 (1978)

(16) S. J. Shin, H. Yamanaka, E. Endo, E. Watanabe : Enzyme and Microbial Technology, 23, 10 (1998)

(17) 中添純一, 山中英明 編 : 『水産物の品質·鮮度とその高度保存技術』 恒星社厚生閣 (2004)

(18) 生活情報センター編 : 『さかなの漁獲·養殖·加工輸出入·流通·消費データ集』 生活情報センター (2005)

제6장

(1) 東レリサーチセンター編 : 『内分泌攪亂化學物質 (環境ホルモン)の現状と課題』 東レリサーチセンター (1998)

(2) 濱田 (佐藤) 奈保子, 水石和子, 渡邊悅生 : 海洋と生物, 26, 148 (2004)

(3) 上田伸男 編著 : 『食物アレルギーがわかる本』 日本評論社 (1999)

(4) 隆島史夫 : 『水族育成論』 成山堂書店 (2001)

(5) 大日本水産會 : 養殖管理マニュアル (2002)

(6) 牧之段 保夫, 坂口守彦 編 : 『水産物の安全性』 恒星社厚生閣 (2001)

(7) N. Hamada-Sato, K. Usui, T. Kobayashi, C. Imada, E. Watanabe : Food Control, 16, 301 (2005)

(8) 石綿 肇, 谷村顯雄 : 変異原と毒性, 11, 58 (1980)

(9) 渡邊悅生 : 『水産物の食品としての安全性』 東京水産振興會 (1996)

(10) 渡邊悅生 編著 : 『水産食品デザイン學』 成山堂書店 (2004)

(11) 望月 篤 : 日本水産學會誌, 45, 1401 (1979)

색 인

집필자약력

와타나베 에츠오 (渡邊 悅生)

1940년생
동경수산대학대학원 수산학연구과 석사
공학박사 (동경공업대학)
동경해양대학 명예교수
현재, 고쿠가쿠인대학 토치기단기대학 가정학과 교수, 토요대학 객원교수

카토우 노보루 (加藤 登)

1947년생
니혼대학 농수의학부 졸업
수산학박사(홋카이도대학)
(주)키분을 거쳐 현재, 토카이대학 해양학부 교수

오오쿠마 히로카즈 (大熊 廣一)

1951년생
토요대학대학원 공학연구과 박사
공학박사
(주)신일본무선을 거쳐 현재, 토요대학 생명과학부 교수

하마다 (사토우) 나오코 [濱田 (佐藤) 奈保子]

1965년생
홋카이도대학대학원 환경과학연구과 석사
공학박사(신슈대학)
(주)쇼와전공을 거쳐 현재 동경해양대학대학원 부교수

일러스트

와타나베 미치 (渡邊 未知)

1969년생
동경디자인전문학교 졸업
물의 문화정보지 "FRONT"의 카메라맨 등을 거쳐
현재, 바다환경교육포럼 등의 자원봉사활동에 종사